JN218322

物語のある
元素図鑑

Visual Encyclopedia of Elements with Stories

	1	2	3	4	5	6	7	8	9	10	11	12	13	14	15	16	17	18
1	1 H																	2 He
2	3 Li	4 Be											5 B	6 C	7 N	8 O	9 F	10 Ne
3	11 Na	12 Mg											13 Al	14 Si	15 P	16 S	17 Cl	18 Ar
4	19 K	20 Ca	21 Sc	22 Ti	23 V	24 Cr	25 Mn	26 Fe	27 Co	28 Ni	29 Cu	30 Zn	31 Ga	32 Ge	33 As	34 Se	35 Br	36 Kr
5	37 Rb	38 Sr	39 Y	40 Zr	41 Nb	42 Mo	43 Tc	44 Ru	45 Rh	46 Pd	47 Ag	48 Cd	49 In	50 Sn	51 Sb	52 Te	53 I	54 Xe
6	55 Cs	56 Ba		72 Hf	73 Ta	74 W	75 Re	76 Os	77 Ir	78 Pt	79 Au	80 Hg	81 Tl	82 Pb	83 Bi	84 Po	85 At	86 Rn
7	87 Fr	88 Ra		104 Rf	105 Db	106 Sg	107 Bh	108 Hs	109 Mt	110 Ds	111 Rg	112 Cn	113 Nh	114 Fl	115 Mc	116 Lv	117 Ts	118 Og

57 La	58 Ce	59 Pr	60 Nd	61 Pm	62 Sm	63 Eu	64 Gd	65 Tb	66 Dy	67 Ho	68 Er	69 Tm	70 Yb	71 Lu
89 Ac	90 Th	91 Pa	92 U	93 Np	94 Pu	95 Am	96 Cm	97 Bk	98 Cf	99 Es	100 Fm	101 Md	102 No	103 Lr

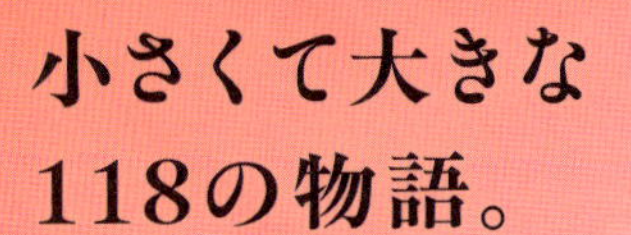

小さくて大きな
118の物語。

宇宙にある元素の約70%を占めるとされる水素。
13歳の男の子が名前を決めるきっかけとなったネオン。
金よりも貴重だったアルミニウム。
ゴッホの『ひまわり』の黄色に使われたクロム。
アルゼンチンの由来となった銀。
キュリー夫妻が命を削って発見したラジウム。

この本では、118の元素の発見にまつわる物語や、
名前の由来、偉人と元素のエピソードを紹介します。

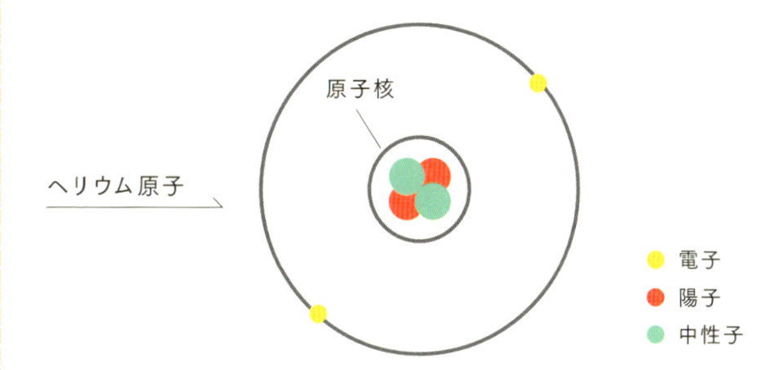

元素：原子の種類。現在、全部で118種類が発見されている。

原子：原子核と電子でできた粒。大きさはおよそ0.00000001cm。

原子核：中性子と陽子でできている。

中性子：原子核にある。電気を帯びていない。

陽子：原子核にある。プラスの電気を帯びている。陽子の数は原子番号と同じ。（例：原子番号1番・水素は陽子が1つ、2番・ヘリウムは陽子が2つ）

電子：原子核のまわりを回る。マイナスの電気を帯びている。

化合物：2種類以上の元素でできている物質。

・元素の割合について表記がある場合は、質量（重さ）の割合です。

・密度は常温での密度の値です。また、()には状態などを記しています。()がない場合は固体です。気体は0℃での密度の値です。

・原子量とは、原子の平均的な重さのことです。同位体★1の炭素12の重さを1/12にしたのが「原子量1」とされています。原子量はおおよその値を記しています。また、原子量の()は、代表的な同位体の質量数です。

・「※」の注釈は見開き内の下に記しています。「★」の注釈はP254にまとめています。

・人物の敬称は省略しています。また、紹介する情報と写真には諸説あるものもあります。

もくじ

夏の天の川（見附島・石川県）

1　Hydrogen

H 水素

水素は酸素と結びつくと水(H_2O)になる気体の元素。元素の中で一番軽くて小さい。「Hydrogen」の由来はギリシャ語の「水(hydro)」と「産む(geinomai)」。

原子量：1.008　融点：－259.16℃　沸点：－252.879℃　密度：0.00008988 g/㎤（気体）

この世界はきっと、水素から始まった。

水素は一番軽くて小さな元素です。水素が生まれたのは、宇宙が生まれた時期とほぼ同じだと考えられています。

宇宙が誕生したのは、今から約138億年前のこと。この時、宇宙では「ビッグバン」という大爆発が起こり、その1万分の1秒後に水素の原子核が生まれました。

ビッグバンから3分後には、水素だけでなくヘリウムの原子核なども誕生。やがて星の爆発、衝突、合体などによって、さらに新しい元素が生まれたようです。

現在、宇宙にある元素の約70%は水素だと考えられています。木星や太陽も、70%以上が水素でできている星です。

宇宙が生まれ、水素が生まれ、星が生まれ、いろんな元素が生まれ……やがて太陽が生まれ、地球が生まれ、生命が生まれ……そう考えると、私たちの世界は水素から始まったと言えるのかもしれません。

風船

2 Helium

He ヘリウム

ヘリウムは太陽の観測によって発見された気体の元素。太陽の約25%はヘリウムでできている。「Helium」の由来は、ギリシャ語の「太陽(helios)」。

原子量：4.003　融点：－272.20℃（2.5MPa）　沸点：－268.928℃　密度：0.0001786 g/㎤（気体）

もしも風船で
世界を飛び回れたら。

ヘリウムは水素の次に軽い元素です。

宇宙では水素の次に多い元素ですが、地球にはあまりありません。空気より軽いため、宇宙へ出ていってしまうからです。※1

1992年には、ヘリウム入り風船を使って日本からアメリカへ飛んでいこうとした52歳の男性が、行方不明になってしまったこともあります。琵琶湖のほとりから飛び立った男性のゴンドラには、直径6mの風船が6個、直径3mの風船が20個もついていました。

また、2009年公開のアニメ映画『カールじいさんの空飛ぶ家』では、よりリアリティを出すために「家に風船を何個つけたら飛べるのか」を専門家にリサーチして、1万297個が必要だと算出してから制作したそうです。※2

「風船で空を飛んでみたい」

世界中のだれもが一度は、そんな憧れを抱くのかもしれません。

※1 水素はヘリウムより軽いが、他の元素と結びつきやすく、水(H_2O)などの状態で地球に多く存在する。※2 実際はもっと必要な可能性がある。

リチウムを含む鉱物・リチア輝石

3 Lithium

Li リチウム

リチウムは一番軽い金属の元素。ナイフで切れるほどやわらかい。リチウムイオン★2 電池は携帯電話から太陽光発電まで、幅広い分野で使われている。

原子量：6.94　融点：180.50℃　沸点：1330℃　密度：0.534 g/㎤

上司の仕事ってたぶん、部下にチャンスを用意すること。

まわりの人が活躍できる環境を整える。それが上司の大きな役目なのかもしれません。

スウェーデンの化学者・アルフェドソンは、王立鉱山局で書記官として働いた後、有名な化学者・ベルセリウスの研究室に入ることに。そこでマンガン酸化物の研究成果を上げたアルフェドソンは、ベルセリウスから新しい研究課題を与えられます。「ペタライト」という鉱物の分析です。

ペタライト

1817年、アルフェドソンはストックホルムの群島でとれたペタライトの中から、見事にリチウムを発見。この研究にはベルセリウスも大きく貢献していましたが、アルフェドソンの名前だけで発表されました。ベルセリウスは自分の名前を入れず、リチウム発見の名誉をアルフェドソンだけのものにしたのです。この時、アルフェドソンは20代半ば、ベルセリウスは30代後半でした。

ベリル（緑柱石）の1つ・アクアマリン※1

4　Beryllium

Be ベリリウム

ベリリウムは毒性の強い金属の元素。軽く、硬く、熱に強い特徴をもつ。ベリリウム銅合金は電気を通し、強度も高いため、携帯電話やパソコンなどに使われている。

原子量：9.012　融点：1287℃　沸点：2469℃　密度：1.85 g/㎤

やり方も、味も、甘かった。

1798年、ベリルという鉱物に新しい元素の化合物が含まれていることを発見したのが、フランスの化学者・ヴォークランです。

彼の前にもベリルを研究した化学者はいましたが、若い弟子に作業を任せるなどして、正しく分析できていませんでした。そんな化学者のことをヴォークランは、

「はやる心が綿密な実験を待てなかった」

と評しています。**「やり方が甘い」と考えたのでしょう。**

新しい元素を発見したヴォークランは、ギリシャ語の「甘い（glykys）」にちなんで「グルシナム（Glucinum）」と名づけます。その化合物をなめてみると、甘みがあったからです。※2

しかし、のちに他の元素の化合物にも甘いものがあると分かり、ベリルの名前にちなんで「ベリリウム」と改名されました。

ベリリウム

※1 ベリルの中で青みのあるものを「アクアマリン」と言う。
※2 現在、ベリリウムにはわずかな量で死にいたるほどの毒性があることが分かっている。

エメラルド

元素は時に、宝石になる。

ベリリウムは、ベリル（緑柱石）という鉱物の中から発見されました。ベリルは本来無色ですが、不純物が含まれることによってさまざまな色になります。

例えば、緑色のベリルは「エメラルド」、青みのあるベリルは「アクアマリン」（P12）、黄緑色のベリルは「ヘリオドール」と呼ばれ、宝石としても親しまれています。

ヘリオドール

ホウ素を含む鉱物・トルマリン

5　Boron

B ホウ素

ホウ素は黒くて硬く、熱に強い半金属★[3]の元素。ガラスに混ぜると透明になり、耐熱ガラスになる。単体では地球上に存在せず、「ホウ砂」という鉱物などに含まれている。

原子量：10.81　融点：2076℃　沸点：3927℃　密度：2.34 g/㎤

化学を前進させるのは、共創と競争かも。

ホウ素を発見したのは、2人の仲良し化学者でした。

1808年6月21日、フランスの化学者・ゲイ=リュサックとテナールは、ホウ酸をカリウムとともに加熱してホウ素を発見したことを発表します。

しばらくしてイギリスの化学者・デービーもホウ素の発見を発表。それはゲイ=リュサックとテナールの発表から9日後、6月30日だったそうです。

ゲイ=リュサックとテナールは、20歳頃に知り合って生涯の友人となり、共同研究者としてその後も数々の功績を残しました。

デービーは同い年のゲイ=リュサックについて、このように語っています。

ホウ素

「リュサックは機敏で活発で独創的であり、しかも思慮深く活動的な精神と巧みな実験手腕を兼ね備えている。私は存命中のフランス人化学者の筆頭に彼を挙げたい」

ダイヤモンド

6　Carbon

C 炭素

炭素は生物にとって重要な元素。タンパク質、炭水化物などの有機物（有機化合物）には必ず炭素が含まれている。また、酸素と結びつくと二酸化炭素(CO_2)になる。

原子量：12.01　融点：—　沸点：3825℃（昇華）　密度：3.513 g/㎤（ダイヤモンドの場合）

「宝石の王様」は、1つの元素でできている。

「宝石の王様」とも呼ばれるダイヤモンドは、炭素だけでできている鉱物です。

「ダイヤモンドは燃やすと消える」

ヨーロッパではそんな実験が、数百年前から行われていました。まだ酸素や二酸化炭素が発見されていなかった1694年、2人のイタリアの化学者が、太陽の光をダイヤモンドに集めて熱し、ダイヤモンドを消す実験を行っています。

1772年、フランスの化学者・ラヴォアジェも、酸素の中に置いたダイヤモンドに太陽の光を当てて燃やす実験を行い、残った気体が二酸化炭素であることを発見しています。

そして1796年頃、イギリスの化学者・テナントが同じ量のダイヤモンドと黒鉛（こくえん）※（炭素だけでできている鉱物）を燃やすと、どちらも同じ量の二酸化炭素が残ることを発見。ダイヤモンドが炭素でできていることを証明したのです。

黒鉛（グラファイト）

※黒鉛は鉛筆の芯などに使われる。

海王星(左)とトリトン(右)(イメージ)

7 Nitrogen

N 窒素

窒素は空気の中に一番多く含まれる元素。植物の成長に欠かせない元素であり、窒素、リン酸、カリウムは「肥料の三大要素」と言われる。

原子量:14.01　融点:－210.00℃　沸点:－195.795℃　密度:0.001251 g/㎤(気体)

名前の由来は「窒息させる物質」です。

太陽から一番遠くにある惑星・海王星のまわりには、10個以上の月（衛星）があります。その中の1つ・トリトンは、窒素を多く含む月。気温が－235℃ほどになるため、窒素も凍っています。また、窒素の氷が溶けて気体となり、チリとともに吹き出している場所もあります。

地球の空気の約75.5%は窒素でできています。※とても身近な元素ですが、その存在が見つかったのは18世紀後半になってからでした。1772年、医学博士の学位をとる研究を進めていたスコットランドの学生・ラザフォードが、酸素や炭素を取り除いた空気の中でネズミが死んでしまうことを発見。「有毒な空気」と名づけます。

また1789年、フランスの化学者・ラヴォアジェは、この気体を「生命がない」を意味する造語で「アゾット（azote）」と呼びました。生命を支える能力がないからです。

ちなみに、ドイツ語では窒素のことを「窒息させる物質（Stickstoff）」と言います。日本語の「窒素」は、ドイツ語を直訳した言葉です。

※空気の元素の割合は、窒素が約75.5%、酸素が約23.1%、アルゴンが約1.3%、その他が約0.1%。

オーローラ

紫は窒素、緑は酸素です。

オーロラは、太陽から吹き出すプラズマ（太陽風）が、地球の空気にぶつかった時に生まれる現象です。窒素にぶつかった時は紫やピンクに、酸素にぶつかった時は緑や赤に光ります。

カルパティア山脈に咲くキク科の植物(ウクライナ)

8　Oxygen

O 酸素

酸素はさまざまな元素と結びついて酸化物をつくる気体の元素。元素の中で人間の体に一番多く存在する(約65%)。金属のさびも酸化物。さまざまな元素と反応してものを燃やす。

原子量：16.00　融点：－218.79℃　沸点：－182.962℃　密度：0.001429 g/㎤(気体)

私たちは、酸素に振り回されて生きている。

誕生したばかりの地球上には、酸素はほぼなかったと考えられています。**今、空気中にある酸素は、植物が光合成によって生み出したものです。**

酸素が発見されたのは18世紀後半のこと。1770年代、イギリスの化学者・プリーストリーは、空気の中より酸素の中のほうが、ろうそくは長く燃え、ネズミは長く生きられることを発見。※酸素を吸った彼は、「胸が妙に軽く、楽に感じた」と表現し、続けてこんな言葉を残しています。

「これまでのところ、これを吸う幸運に恵まれたのは、2匹のネズミと私だけである」

ちなみに、呼吸によって体に入った酸素は、食べ物をエネルギーに変える働きがあり、私たちが生きるのに欠かせない元素です。

しかし、いいことばかりではありません。（活性）酸素は細胞を傷つけ、老化を早める原因になると考えられています。酸素は生きることも、老いることも促す元素なのです。

※当時、プリーストリーは発見したものを「酸素」という元素だとは認識していなかった。

フッ素を含む鉱物・フローライト(蛍石(ほたるいし))

9　Fluorine

F フッ素

フッ素は黄緑色の気体の元素。毒性が強い。化合物は歯磨き粉などに使われている。
フッ素の英語名「Fluorine」は、「フローライト(fluorite)」という鉱物が由来。

原子量：19.00　融点：－219.67℃　沸点：－188.11℃　密度：0.001696 g/㎤(気体)

化学者って、冒険者だと思う。

元素の研究は、時に化学者の命を脅かすことがあります。その1つがフッ素です。

19世紀の初め頃から、何人もの化学者がフッ素を取り出す研究に挑戦していました。しかし、実験はことごとく失敗。**中にはフッ素中毒にかかり、亡くなってしまう者も現れ……いつしか化学者たちは、この危険で難しい実験から遠ざかるようになってしまいます。**※

ようやくフッ素が取り出されたのは、その存在が予測されてから100年近く経った1886年のこと。実験に成功したフランスの化学者・モアッサンは、この功績により1906年にノーベル化学賞を受賞しています。

しかし、モアッサンも無傷で成功したわけではありません。実験で中毒にかかり、4度も研究を中断。苦難の末にフッ素を取り出したのです。

ちなみに、モアッサンはとてもきれい好きで、毎週土曜日には研究室の床にワックスをかけ、常に清潔さを保ったそうです。

※ホウ素を発見したフランスの化学者・ゲイ＝リュサックとテナールも、フローライトからフッ素を取り出す実験で中毒にかかっていた。

赤っぽいオレンジ色の光を放つネオン

10　Neon

Ne ネオン

ネオンは無色の気体の元素。他の元素とほとんど反応しない。電流を流すと赤っぽく光る。ネオンサインの赤はネオンだが、他の色は別の元素が使われている。

原子量：20.18　融点：－248.59℃　沸点：－246.046℃　密度：0.0009002 g/㎤（気体）

きっかけは、13歳の男の子でした。

「ネオン」という元素名には、発見者の息子も大きく関わっていたそうです。

1869年、ロシアの化学者・メンデレーエフが周期表を発表します。イギリスの化学者・ラムゼーは、その周期表を応用し、「ヘリウムとアルゴンの間に未知の元素がある」と考えるようになりました。そして1898年、助手のトラバースとともに液体空気の実験で新元素を発見。**ラムゼーの13歳の息子・ウィリーは父に、ラテン語の「新しい(novus)」にちなんでこう提案します。**

「ノーヴムと名づけるのはどう?」

これをきっかけにラムゼーは、より響きのいいギリシャ語の「新しい(neos)」にちなんで、「ネオン」と名づけたそうです。

	1	2	3	4	5	6	7	8	9	10	11	12	13	14	15	16	17	18
1	1 H																	2 He
2	3 Li	4 Be											5 B	6 C	7 N	8 O	9 F	10 Ne
3	11 Na	12 Mg											13 Al	14 Si	15 P	16 S	17 Cl	18 Ar
4	19 K	20 Ca	21 Sc	22 Ti	23 V	24 Cr	25 Mn	26 Fe	27 Co	28 Ni	29 Cu	30 Zn	31 Ga	32 Ge	33 As	34 Se	35 Br	36 Kr
5	37 Rb	38 Sr	39 Y	40 Zr	41 Nb	42 Mo	43 Tc	44 Ru	45 Rh	46 Pd	47 Ag	48 Cd	49 In	50 Sn	51 Sb	52 Te	53 I	54 Xe
6	55 Cs	56 Ba	57~71	72 Hf	73 Ta	74 W	75 Re	76 Os	77 Ir	78 Pt	79 Au	80 Hg	81 Tl	82 Pb	83 Bi	84 Po	85 At	86 Rn
7	87 Fr	88 Ra	89~103	104 Rf	105 Db	106 Sg	107 Bh	108 Hs	109 Mt	110 Ds	111 Rg	112 Cn	113 Nh	114 Fl	115 Mc	116 Lv	117 Ts	118 Og

岩塩

11　Sodium

Na ナトリウム

ナトリウムは軽くてやわらかい金属の元素。反応性が高く、水に入れると激しく燃える。体内ではナトリウムイオン★2として存在し、水分量の調整、神経伝達などの働きがある。※1

原子量：22.99　融点：97.794℃　沸点：882.940℃　密度：0.968 g/㎤

塩のもとは、金属でした。

「ナトリウム」といえば、塩が思い浮かぶかもしれません。しかし、ナトリウム自体は金属の元素です。

ナトリウム

ただし、自然では金属のナトリウムが見つかることはなく、塩素と結びついた塩化ナトリウム（NaCl）の状態で多く存在しています。**この塩化ナトリウムが、塩の主成分なのです。**※2

塩化ナトリウムでできた鉱物に、岩塩があります。これは海や塩湖（塩分の多い湖）などの水分が蒸発してできたものです。

古くから世界では、岩塩や塩湖から塩をつくっていました。日本は岩塩や塩湖に恵まれていないため、海の水を使って塩をつくっています。

世界でつくられる塩のうち、海水からつくられる塩は30%程度。残りは岩塩などからつくられています。

※1 ナトリウムは1つ電子を失って、プラスの電気を帯びた陽イオンになる。
※2 汗も塩化ナトリウムを含んでいる。

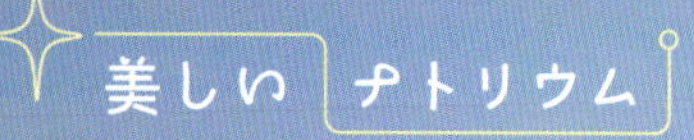

ボネール島

カリブの島には、塩のピラミッドがある。

　カリブ海に浮かぶオランダ領・ボネール島。この島の伝統産業は、塩づくりです。強い日差しと風で水分を蒸発させ、積み上げられた塩によって、いくつものピラミッドができあがります。

　塩田がピンク色なのは、塩水の中で赤い色素の藻が育つからです。水分が蒸発して塩分が濃くなればなるほど、塩田のピンク色も一層鮮やかになります。

牧場のウシ（イギリス）

12　Magnesium

Mg マグネシウム

マグネシウムは軽くて硬い金属の元素。植物が光合成を行う葉緑素にも含まれている。また、マグネシウム合金は自動車から携帯電話まで、幅広く使われている。

原子量：24.31　融点：650℃　沸点：1090℃　密度：1.738 g/㎤

だれも飲モウとしませんでした。

「なんでだろう?」

1618年、イギリスのエプソムで1人の男が首をかしげていました。**干ばつが続く夏のある日、水のある場所を見つけた男がウシたちに飲ませようとしたところ、1頭も飲もうとしなかったのです。そこで男は、自分でその水を飲んでみることに。**

「苦い……」

なんと水に苦味があったのです。

やがて、この苦い水は傷や皮膚などの治療に効果があると考えられるようになり、エプソムは17世紀中頃から温泉地として栄えることに。温泉からとれる成分は「エプソム塩(えん)」と呼ばれ、重宝されます。**当時は知られていませんでしたが、このエプソム塩の正体は、硫酸マグネシウムだったのです。**

ちなみに、イギリスの化学者・デービーがわずかな量のマグネシウムを取り出すことに成功したのは1808年のこと。苦い水が見つかった日から、200年近くが経っていました。

マグネシウム

1円玉

13　Aluminium

Al アルミニウム

アルミニウムは、軽くて熱を伝えやすい金属の元素。リサイクルがしやすく、原料からつくるよりエネルギーが少なくて済むため、「リサイクルの王様」などと呼ばれる。

原子量：26.98　融点：660.323℃　沸点：2519℃　密度：2.70 g/㎤

貴重なものから、身近なものへ。

昔、アルミニウムはとても高価なものでした。取り出すことが難しかったからです。

19世紀のフランスの皇帝・ナポレオン3世[※1]は、貴賓（きひん）にアルミニウムの食器を、臣下には金や銀の食器を使っていたとも言われています。つまり、金や銀よりアルミニウムのほうが高価だと考えていたようです。

しかし、19世紀後半に大量生産できる方法が見つかると、アルミニウムの価格が下がり、一気に身近なものに。 軽くて熱を伝えやすく、強度があるアルミニウムは、やかんや鍋などだけでなく、現在は新幹線の車体にも使われています。

また、スズでつくられていた食べ物を包むシートが、アルミニウム製に変わりました。[※2] それがアルミホイルです。

アルミニウム製のもので特に有名なのは1円玉。ただ、アルミニウムはすぐに酸化するので、実は外側は酸化アルミニウムです。酸化アルミニウムはとても硬く、内側のアルミニウムを守ります。

※1 ナポレオン3世は、有名なナポレオン1世（ナポレオン・ボナパルト）の甥。
※2 スズのシートで包まれた食べ物は、金属の味がすることもあったらしい。

1円玉と同じ成分が、宝石になることもある。

1円玉と同じ酸化アルミニウムを主成分とする鉱物があります。それがコランダムです。美しいコランダムは宝石になり、赤いものは「ルビー」、赤いもの以外は「サファイア」と呼ばれています。

コランダムはとても硬い鉱物。約4,500年前の中国では、コランダムでできた儀式用の斧を、より硬い鉱物であるダイヤモンドで磨いていたこともあったそうです。

ルビー

サファイア

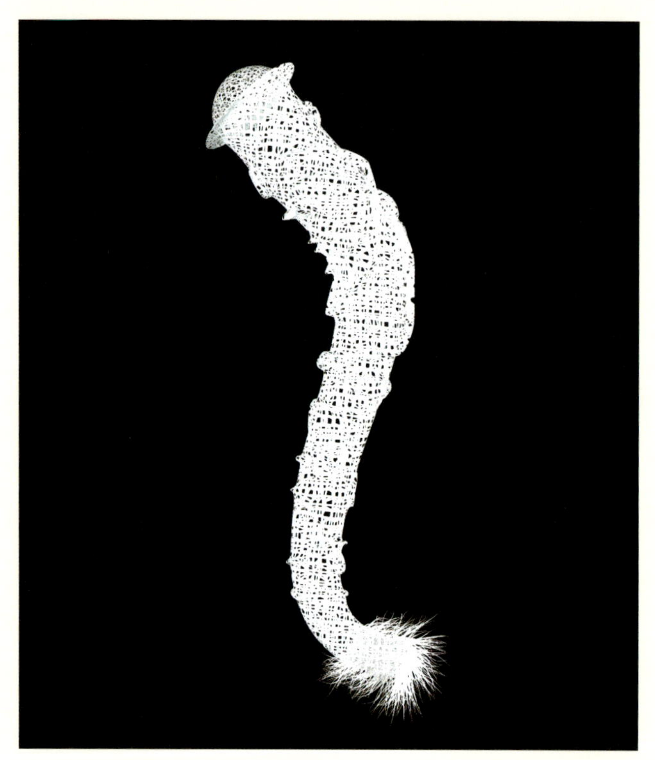

カイロウドウケツ

14　Silicon

Si ケイ素

ケイ素は硬くてもろい半金属★3の元素。半導体として携帯電話やパソコンなど、多くの電子機器に使われている。また、ガラスは二酸化ケイ素（SiO_2）でできている。

原子量：28.09　融点：1414℃　沸点：3265℃　密度：2.3290 g/㎤

ガラスでできた骨があるなんて。

ケイ素はガラスのもとになる元素です。ガラスは二酸化ケイ素でできています。

海の中には、そんなガラスでできた生き物がいます。それがカイロウドウケツです。

筒のような形の体をつくるのは、無数に組み合わさるガラス繊維でできた骨（骨片）。体の下の部分は海底に埋まっていて、その美しさから「Venus's Flower Basket（ビーナスの花かご）」と呼ばれています。

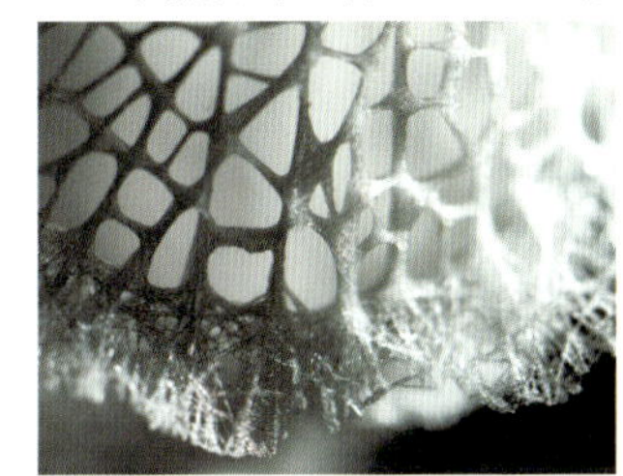
組み合わさる骨片

カイロウドウケツの内側では、エビ※のオスとメスが暮らしていることがあります。カイロウドウケツは漢字で「偕老同穴」。もともと「生きては共に老い、死しては同じ穴に葬られる」という中国の言葉で、「夫婦が仲良く暮らす」という意味があります。

つまり、エビの夫婦が仲良く暮らしていることが、「カイロウドウケツ」という名前の由来なのです。

※「ドウケツエビ」という小さなエビ。

水晶

アメシストもシトリンも、水晶の仲間です。

水晶※は、ガラスと同じく二酸化ケイ素(SiO_2)を主成分としています。本来は無色透明ですが、不純物が混ざったりすると色が変わり、紫色の水晶は「アメシスト(紫水晶)」、黄色い水晶は「シトリン(黄水晶)」と呼ばれます。

ちなみに、水晶は二酸化ケイ素の結晶★4ですが、ガラスは結晶ではないため、性質が違います。

※「石英」という鉱物の中で美しい結晶を「水晶」と呼ぶ。

アメシスト

シトリン

ブラントがリンを発見するシーンを描いたとされる絵※1

15 Phosphorus

P リン

◆◆

リンはDNAの主要構成元素。人間は1日に0.5～1g程度のリンを尿で出している。赤リン、白リン、黒リンなどがあり、白リンは50℃以上で燃える。

原子量：30.97　融点：44.15℃（白リン）　沸点：277℃（白リン）　密度：1.823 g/㎤（白リン）

その元素は、おしっこから見つかった。

1670年頃、ドイツの医師・ブラントは、50杯ほどのおけの中に、2週間ほど置いて腐らせた液体を準備していました。

その液体とは、なんとおしっこ。錬金術師でもあったブラントは、ビールを飲んだ人のおしっこを集め、そこから金などの貴重な金属を取り出す研究を考えていたようです。※2

おしっこを煮つめていくと、現れたのは黒い沈殿物。さらに煮つめると沈殿物は白くなり、やがて激しく輝いたそう。ブラントはこの輝いたものに「冷たい火」と名づけます。彼は気づいていませんでしたが、それは燃えたリン(白リン)だったのです。

白リン

のちにギリシャ語の「光（phos)」と「もたらす（phoros)」を組み合わせ、「リン（Phosphorus)」と呼ばれるようになりました。

リンは人類史上、初めて実験で発見された元素と考えられています。

※1『賢者の石を探す錬金術師』（ジョセフ・ライト 18世紀）
※2 当時は「排泄物などの体液が錬金術に使える」という言い伝えがいくつもあったらしい。

痛い目に合ったのは、悪魔の罰かもしれない。

◆秘密にされたリンのつくり方

ドイツの医師・ブラントがリンを発見したという噂は、あっという間にドイツに広がりました。しかしブラントは、リンのつくり方を秘密にしていました。

ある日、リンに興味を持った化学者・クンケルとクラフトは、ブラントのもとへ行き、「これを王様に売り込めば、きっと高く売れる」と提案します。その誘いに乗ってしまったブラントは、少しの報酬を受け取るだけで、リンのつくり方を2人に教えてしまったのです。

◆手柄を横取り！

家に戻ったクンケルは、教わった通りに試したものの失敗。ブラントに不満を訴える手紙を送りましたが、ブラントは助言を送りませんでした。安値でつくり方を教えてしまったことを後悔していたからです。その後、クンケルは何度も失敗を重ねながらも、ついにリンをつくることに成功。あろうことか、自分がリンの発見者だと宣言したのです。

ちなみにブラントの発見から数年間は、この製法を知っているのは、ブラント、クンケル、クラフトの3人だけだったようです。この時期、クンケルはブラントに「他の人にリンを渡さないでほしい」という手紙も送っています。

◆「悪魔の元素」を思い知る

その後、クンケルは食べ物などでもリンをつくる実験を始めます。「おしっこにリンが含まれるのなら、その前をたどれば他のものにもリンが含まれているはずだ」と考えたからです。しかしのちに彼は、リンに関する著書にこんな一文を残しています。

「私は今はこれ（リン）をまったく製造していない。それがとても有害だから」

クンケルは、リンをポケットに入れたまま火の近くで仕事をしていた際、リンが燃えてしまい、指は焼けただれ、2週間ほど寝込んだことがあったそう。のちに「悪魔の元素」と呼ばれ、爆弾（白リン弾）にも使われるようになったリンの恐ろしさを、クンケルはすでに体感していたのです。

硫黄

16 Sulfur

S 硫黄

◆◆◆

硫黄は黄色い結晶★4になる元素。ゴムに加えると弾力が上がる。また、火薬にも使われる。硫黄自体は無臭だが、硫化水素や二酸化硫黄などの化合物は独特の臭いがある。

原子量：32.07　融点：95.3℃（α）、115.21℃（β）　沸点 444.6℃（α，β）　密度 2.07 g/㎤（α）、1.96 g/㎤（β）

かつて、硫黄で栄えた島がある。

硫黄※1は火山や温泉などで多く見つかるため、紀元前から人類になじみ深い存在でした。

東京から南へ約1,250km離れた硫黄島は、今も火山活動が続く島です。第二次世界大戦時に強制疎開が行われ、現在は一般の人が住むことはできず、海上自衛隊の航空基地が設置されています。

硫黄島を最初に発見したのは、海外の船でした。1779年、水蒸気が上がり、硫黄の臭いがするこの島を、イギリスの艦隊は「硫黄島（Sulfur Island）」と名づけています。1543年にもスペインの艦隊が硫黄島を発見していましたが、どちらの国も母国から遠いこの島の領有権を主張せず、放置されていました。

そして1891年、明治政府が硫黄列島の領有を宣言します。硫黄島の硫黄は、純度が高く品質のよい硫黄で、東京や大阪などで売られるようになりました。※2

やがて農業や漁業も盛んとなり、1944年には1,100人以上が硫黄島で暮らしていたそうです。

硫黄島（東京都）

※1 硫黄の由来は「湯の泡」→「ゆあわ」→「ゆおう」→「いおう」と転じたなど諸説ある。
※2 当時、硫黄は、マッチ、火薬、染料などに使われていた。

コラム 聖書と硫黄

もしも旧約聖書で滅亡した町が、
過去に実在していたら。

『ソドムとゴモラの破壊』（ジョン・マーティン 1852年）

硫黄の英語名「Sulfur」は、元をたどるとインド・ヨーロッパ祖語の「燃える(swel)」が語源とも考えられています。そんな硫黄は旧約聖書にも登場します。

退廃した町・ソドムとゴモラを滅ぼそうと決めた神は、ロト、ロトの妻、娘2人だけを逃がし、町に火を落とします。その火が硫黄だったのです。

主(神)はソドムとゴモラの上に天から、主のもとから硫黄の火を降らせ、これらの町と低地一帯を、町の全住民、地の草木もろとも滅ぼした。[※1]

19世紀の絵画『ソドムとゴモラの破壊』では、「硫黄の火」から逃げるロトと2人の娘が右下に描かれています。その奥(中央下)に1人で立つロトの妻は、動くことができません。「逃げる時に後ろを振り返ってはならない」と言われていたにも関わらず、妻は振り返ってしまい、塩の柱になってしまったのです。

最近の研究では、ソドムの町は過去に実在し、神が落とした「硫黄の火」は、隕石だった可能性があるとも考えられています。[※2]

※1『旧約聖書』(日本聖書協会)より引用。
※2 ソドムの場所は、約4,000年前に栄えたタル・エル・ハマム遺跡付近(ヨルダン)とも考えられている。

水道水

17　Chlorine

Cl 塩素

塩素は黄緑色の気体の元素。刺激臭があり毒性が強い。英語名「Chlorine」は、ギリシャ語の「黄緑色の(chloros)」が由来。

原子量：35.45　融点：－101.5℃　沸点：－34.04℃　密度：0.0032 g/㎤（気体）

消毒が必要なのは、傷口だけではありません。

塩素の重要な役割の1つが、水道水の消毒です。

かつて水を消毒していなかった時代には、コレラなどの伝染病がたびたび流行していました。

塩素

「汚染水が伝染病の大きな原因だ」

そう考えたヨーロッパなどでは、19世紀末頃から水道水を塩素で消毒するようになります。日本で本格的に塩素消毒が広まったのは、終戦後の1945年以降です。**消毒の普及が進むにつれて、水を原因とした伝染病患者は劇的に減少していきました。**

ちなみに、水道水はかつて「カルキの味がする」と言われることがありましたが、「カルキ」とは塩素の化合物である次亜塩素酸カルシウムのこと。このカルキが水道水の消毒剤でした。

現在の消毒剤は、より扱いやすい次亜塩素酸ナトリウムが一般的です。

コラム 海と元素

海にもほんの少しだけ、金が含まれています。

海水は約1.9%が塩素でできています。海水がしょっぱいのは、塩素とナトリウムの化合物である塩（NaCl）が含まれているからです。

海水から塩を取り除いたあとに残る塩化マグネシウム（$MgCl_2$）や硫酸マグネシウム（$MgSO_4$）などは、豆腐のにがりに使われます。

実は海水には金も含まれています。しかし、その量はとても少なく、1トンあたり約0.001gとも。かつて海から金を取り出すことに挑んだ化学者もいましたが、効率的な方法は見つかっていません。

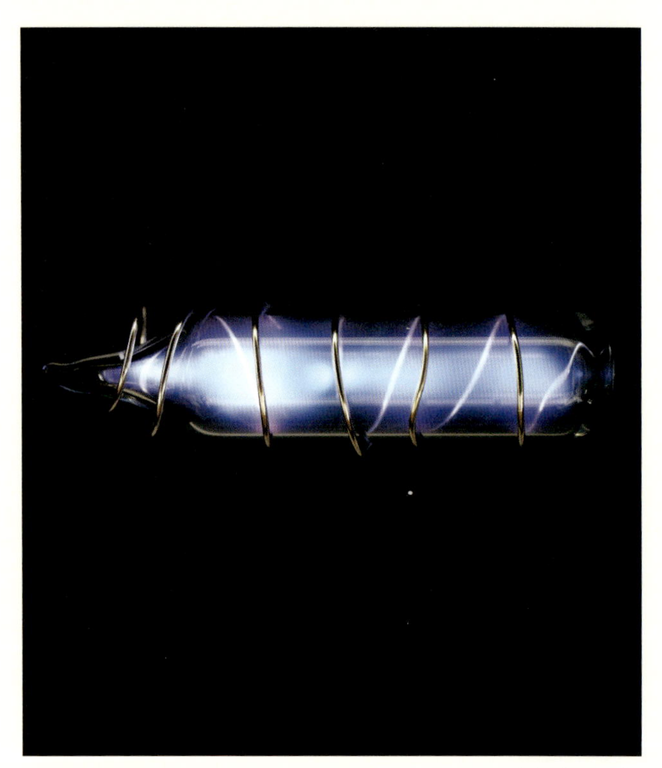

青白く光るアルゴン

18　Argon

Ar アルゴン

◆◆

アルゴンは無色無臭の気体の元素。他の元素とほとんど反応しない。金属を溶接する際に、酸化防止ガスとして使われる。電流を流すと青白く光る。

原子量：39.95　融点：－189.34℃　沸点：－185.848℃　密度：0.001784 g/㎤（気体）

やり尽くされた研究なんて、この世にはないのかも。

アルゴンは、ギリシャ語で「何もしない・働かない」を意味する「argos」が由来の元素です。

「空気の研究はやり尽くされた」と考えられていた1882年、イギリスの物理学者・レイリー卿（きょう）は、空気中の気体の重さを研究しはじめます。 その際、空気中から取り出した窒素が、アンモニア（NH_3）から取り出した窒素よりほんの少し重いことに気づいた彼は、化学者・ラムゼーに相談。2人は毎日手紙でやりとりをしながら研究を進めます。

そして1894年、空気中から取り出した窒素に、ごくわずかな新元素が含まれていたことを発見。 これが重さの違いの原因だったのです。**2人は窒素に隠れていた、他の物質と反応しないこの新元素を「アルゴン」と命名しました。**

レイリー卿の5巻からなる論文集は、彼が選んだこんな聖歌の句で始まっています。

「神の御業（みわざ）は偉大である。それらをすべて探し求めよ。それらには喜びが隠されている」

火花を散らすカリウム

19　Potassium

K カリウム

◆◆

カリウムはやわらかい金属の元素。水に触れると激しく燃える。バナナにたくさん含まれ、神経伝達や筋肉を収縮する働きがある。カリウムは「肥料の三大要素」の1つ。

原子量：39.10　融点：63.5℃　沸点：759℃　密度：0.862 g/㎤

人も元素も、狂ったように爆発した。

カリウムの英語名「Potassium」は、ポタシ（水酸化カリウム）から見つかったことが由来です。※1

1807年、イギリスの化学者・デービーは電気でポタシを分解し、新しい金属の元素を発見します。**その金属の球を水に入れると、音を立てて水面を動き回り、激しく炎を上げたのです。**

カリウム

カリウム発見に立ち会ったデービーの弟は、兄の喜ぶ様子をこう表現しています。

「興奮して、うれしさのあまり気も狂わんばかりであった」

それから数日後、デービーは新たな金属の元素を発見。「ナトリウム（Sodium※2）」と名づけました。以後、新しい金属の元素は「～ium」と名づけられるようになります。

※1「カリウム」はラテン語の「灰(kalium)」が由来。
※2「Sodium」はナトリウムの英語名。「ナトリウム」はラテン語の「炭酸ナトリウム(natron)」が由来。

コラム 花火と元素

夏の夜空を彩る花火は、金属の元素でした。

犬山城（愛知県）

金属の元素は、炎に入れて熱すると元素ごとに特有の色を発します。これを「炎色反応」と言います。花火は炎色反応を利用した夏の風物詩です。

例えば紫色の花火にはカリウム、赤い花火にはストロンチウム、緑色の花火には銅やバリウム、黄色い花火にはナトリウムなどの化合物が使われます。

炎色反応（左からカリウム、ストロンチウム、銅、バリウム、ナトリウム）

アフィントンの白馬（イギリス）

20　Calcium

Ca カルシウム

◆◆

カルシウムは骨や歯（主成分がリン酸カルシウム）をつくる金属の元素。ホルモンの分泌を助ける働きなどもある。セメント、大理石、石膏（せっこう）などはカルシウムの化合物。

原子量：40.08　融点：842℃　沸点：1484℃　密度：1.55 g/㎤

だれが、なぜ、この白馬を走らせたのか。

カルシウムは、骨の主成分として有名な金属の元素です。自然では炭酸カルシウムの状態でよく見つかります。サンゴ、貝の殻、鍾乳洞などが炭酸カルシウムです。

カルシウム

イギリス南部のアフィントン村には、炭酸カルシウムでつくられた巨大な白馬の地上絵があります。

「アフィントンの白馬」

そう呼ばれるこの地上絵は、全長約110m。最初につくられたのは、紀元前800年頃とも考えられています。掘った溝の中に炭酸カルシウムの小石（白亜）を埋めて描かれていて、第二次世界大戦中はドイツ軍に爆撃されないように隠されていたこともありました。

この地上絵は馬を崇拝していた人々が神像としてつくったとも言われていますが、真相は今も謎のままです。

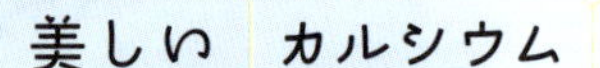

セブン・シスターズ

白亜紀はどうして「白亜」なのか。

石灰岩は炭酸カルシウムでできた岩石です。その中でも、あまり固くないものを「白亜」と言います。

セブン・シスターズ（イギリス）とアヴァルの断崖（フランス）は、どちらも白亜でできた断崖です。この白亜は、プランクトンの殻が固まってできています。約9,000年前まではイギリスとフランスは陸続きであったため、どちらも同じ地層なのです。

恐竜が生息していた約1億4,500万年前から6,600万年前までが「白亜紀」と呼ばれるのは、白亜が由来。ヨーロッパのこの時代の地層に、白亜がよく見られるからです。

アヴァルの
断崖
イギリス
セブン・
シスターズ
イギリス海峡
アヴァルの
断崖
フランス

スカンジウム

21　Scandium

Sc スカンジウム

スカンジウムはアルミニウムと性質が似た金属の元素。レアアース(P122)の1つで高価。アルミニウムにスカンジウムを約1%加えた合金は強度が上がる。

原子量：44.96　融点：1541℃　沸点：2836℃　密度：2.985 g/㎤

まだ見ぬ元素を予測した、天才化学者がいる。

スカンジウムの由来は、ラテン語で「スウェーデン」を意味する「Scandia」。1879年にスカンジウムを発見した化学者・ニルソンの故郷です。

その10年ほど前に、ロシアの化学者・メンデレーエフはスカンジウムの存在を予測していました。メンデレーエフが「エカホウ素」と呼んでいた元素が、スカンジウムだったのです。

現在の周期表のベースをつくったメンデレーエフは、当時まだ未発見だった16の元素を予測し、そのうち8つを的中させました。

メンデレーエフの予測が的中した元素

元素名	予測した時の名前	発見年
ガリウム	エカアルミニウム	1875年
スカンジウム	エカホウ素	1879年
ゲルマニウム	エカケイ素	1886年
ポロニウム	エカテルル	1898年
プロトアクチニウム	エカタンタル※	1918年
レニウム	ドビマンガン	1925年
テクネチウム	エカマンガン	1937年
フランシウム	エカセシウム	1939年

※現在の周期表の位置とは若干のずれがある。

元素と偉人
メンデレーエフ

世紀の大発見は、夢の中で生まれたのかも。

14人きょうだいの末っ子

現在の周期表のもとを完成させたロシアの化学者・メンデレーエフ（1834～1907年）は、シベリアで1834年に14人きょうだいの末っ子として生まれました。

10代前半で父を亡くしたメンデレーエフは、サンクトペテルブルク高等師範学校に入学して10日後、母も亡くしてしまいます。そんな苦境を乗り越え主席で卒業したメンデレーエフは、1865年、31歳でサンクトペテルブルク大学の教授に就任。優れた教科書がないことに気づき、自分で教科書をつくることを決意します。周期表の構想を練りはじめたのは、教科書『化学の原理』を書いていたこの時期でした。

きっかけはカードゲーム!?

ある日、メンデレーエフは元素の名前、原子量、特徴の書かれたカードを用意します。そして、それぞれの元素をどこに配置するべきか、カードの配置を入れ替えたりしながら考え出しました。これはメンデレーエフの趣味であるカードゲームの影響があったそうです。

メンデレーエフはその日のうちに、性質の似た元素を横に、原子量が近い元素を縦に並べ（現在の周期表とは縦と横が逆）、当時知られていた63元素のうち、56元素を表に配置しています。

Periodic Law

			Ti＝50	Zr＝90	?＝180
			V＝51	Nb＝94	Ta＝182
			Cr＝52	Mo＝96	W＝186
			Mn＝55	Rh＝104,4	Pt＝197,4
			Fe＝56	Ru＝104,4	Ir＝198
			Ni＝Co＝59	Pd＝106,6	Os＝199
H＝1			Cu＝63,4	Ag＝108	Hg＝200
	Be＝9,4	Mg＝24	Zn＝65,2	Cd＝112	
	B＝11	Al＝27,4	?＝68	Ur＝116	Au＝197?
	C＝12	Si＝28	?＝70	Sn＝118	
	N＝14	P＝31	As＝75	Sb＝122	Bi＝210?
	O＝16	S＝32	Sc＝79,4	Te＝128?	
	F＝19	Cl＝35,5	Br＝80	J＝127	
Li＝7	Na＝23	K＝39	Rb＝85,4	Cs＝133	Tl＝204
		Ca＝10	Sr＝87,6	Ba＝137	Pb＝207
		?＝45	Ce＝92		
		?Er＝56	La＝94		
		?Yt＝60	Di＝95		
		?In＝75,6	Th＝118?		

1869年に発表された周期表の内容

周期表の夢を見た!?

やがて1869年2月、メンデレーエフは「試案」として周期表を発表します。[※1]その考えがまとまった時のことを、メンデレーエフは助手にこう語っていたそうです。
「不眠の一夜を過ごして、問題の未解決にがっかりしながら、書斎のソファにぐったり横になっているうちに眠ってしまった。すると夢の中で周期表がとてもはっきりした形で浮かんできた。そこですぐに目を覚まして、夢に見た表を最初に手に触れた紙片に書きつけた」

まだ見ぬ元素を予測し的中

メンデレーエフの周期表は、すでに発見されていた元素だけではなく、将来発見されるであろう元素まで予測されていました。ただ、当初はその周期表を認めようとする化学者はあまりいませんでした。

しかし、のちにメンデレーエフが予測した元素が発見されると、その正当性が認められることに。予測した元素の中で、ガリウム（1875年）、スカンジウム（1879年）、ゲルマニウム（1886年）、ポロニウム（1898年）は、メンデレーエフが生きている間に発見されました。

周期表の未来も的中

メンデレーエフは亡くなる1年半前に、こう断言しています。
「周期表は将来において破壊される恐れはなく、その建て増しと発達だけが約束されている」

その言葉通り、周期表は元素を語る上で必要不可欠なものとして、現在も使われているのです。

メンデレーエフが初めて周期表を発表してから100年後の1969年9月、メンデレーエフ記念大会が開催された際、アメリカの化学者・シーボーグ※2はこのように述べています。
「最も深く感銘するのはメンデレーエフが（中略）今では一般に認められた概念を知らないのに、過去100年、科学の多大な成果にも関わらず目立った変更をいささかも受けなかった周期表をつくることができた、ということである」

※1 メンデレーエフは周期表を何度か更新した。
※2 シーボーグはノーベル化学賞を受賞している化学者。

チタンを含む鉱物・ルチル(金紅石(きんこうせき))

22 Titanium

Ti チタン

チタンは軽さ、強さ、さびにくさを兼ね備えた金属の元素。高価だが熱にも強く、加工しやすいのでロケットから歯のインプラントまで、幅広く使われる。

原子量：47.87　融点：1668℃　沸点：3287℃　密度：4.506 g/㎤

あれもこれもやれるほど、人生は長くない。

ある日、イギリスの牧師・グレガーは教区（布教する地区）のメナカン谷にある、大量の黒い砂に目をつけます。

鉱物学者としても非常に評価されていた彼は、その砂の分析をスタート。**そして1791年、グレガーはこの黒い砂に新元素が含まれていることを発見し、「メナカナイト」と名づけます。**

しかし、慎重な彼は「新元素ではない可能性もある」として、それ以上は研究を続けませんでした。牧師の仕事があったからです。のちにこの黒い砂は、「イルメナイト」というチタンを含む鉱物だったことが分かっています。

イルメナイト

1795年、ドイツの化学者・クラプロートは、「ルチル」という鉱物から新元素を発見します。それを詳しく分析したところ、メナカナイトと同じ成分であることが判明。ギリシャ神話に登場する天空の神・ウラノスの息子たち・タイタン（Titan）にちなんで「チタン」と名づけました。**その後、長く結核を患ったグレガーが50代で亡くなったのは、1817年の夏のことでした。**

ベニテングタケ

23　Vanadium

V バナジウム

バナジウムは硬くてさびにくい金属の元素。ウミウシや毒キノコのベニテングタケなどにも含まれている。人体にも少量含まれ、血糖値を下げる効果がある。

原子量：50.94　融点：1910℃　沸点：3407℃　密度：6.0 g/㎤

足りなかったのは、自信と運でした。

1801年、メキシコで鉱物学を教えていたデル・リオは、褐色の鉱物から新元素を発見します。

しかし、すでに発見されていたクロムと性質が似ていることが分かると自信を失い、「自分が発見したものはクロムだ」と結論づけてしまうことに。しかも、彼がヨーロッパへ送った詳しい報告書は、不運にも船が難破して届きませんでした。

時は流れ1830年、スウェーデンの化学者・セフストレームがバナジウムを発見し、それがデル・リオの発見した元素と同じものだと分かります。納得がいかないのはデル・リオです。「報告書が届いていれば、私の発見はヨーロッパでバナジウムだと解明されていたはず」という思いがぬぐいきれなかったからです。

バナジウム

1832年、彼は著書『鉱物学原理』の中で「もし報告書が届いていれば」という話題に触れて、こんな言葉も残しています。

「新金属の発見が30年間も遅れることはなかっただろう」

手紙の中の神様は、とても気まぐれでした。

昔、北の果てに美の神・バナジスが住んでいました。ある日、彼女の部屋をノックする音が。バナジスはいすに座ったまま、もう一度ノックさせようと考えました。しかし、それ以上ノックの音は聞こえません。しばらくして聞こえたのは、玄関の階段を降りる音。

「だれだったのだろう?」

バナジスが窓からのぞくと、ヴェーラーが立ち去るところでした。彼はもう少しで部屋に入ることができたのに、窓を見上げることもせず、帰ってしまったのです。

数日後、またドアをノックする音がしました。今回はいつまでたってもノックの音は止まりません。バナジスがドアを開けると、セフストレームが入ってきます。やがて2人は結婚し、バナジウムが生まれました。これが新金属の名前なのです。

スウェーデンの化学者・ベルセリウスは、1831年1月にこんな内容の物語を書いた手紙を送っています。送り先は、バナジウムの発見を発表し損ねたドイツの化学者・ヴェーラーです。ベルセリウスの弟子だったヴェーラーは、デル・リオ（P73）が分析していた褐色の鉱物（褐鉛鉱（かつえんこう））に、新元素が含まれていることに気づいていたものの、発表が遅れ、スウェーデンの化学者・セフストレームに先を越されてしまいました。当時ヴェーラーは、フッ素の毒にやられて数ヵ月間寝込んでしまい、発表できずにいたそうです。

バナジウムの由来は、北欧神話の美の神・バナジス。1830年にバナジウムを発見したセフストレームが名づけています。

褐鉛鉱

『フレイヤ（バナジス）とネックレス』
（ジェームズ・ドイル・ペンローズ）

紅鉛鉱（こうえんこう）

24 Chromium

Cr クロム

クロムは摩擦やさびに強い金属の元素。表面はすぐ酸化するが、それが強い膜となり内側を覆う。鉄との合金は「ステンレス」と呼ばれ、身近なものでは鍋などに使われる。

原子量：52.00　融点：1907℃　沸点：2671℃　密度：7.19 g/㎤

真面目に努力し続ける人が、報われる世界でありますように。

「ヒ素と硫黄でできている」
「鉛、鉄、アルミニウムでできている」
「モリブデン、ニッケル、コバルトなどでできている」

18世紀半ばから後半にかけて、「紅鉛鉱」という鉱物の成分は、分析した化学者によって意見が分かれていました。そんな中、**1797年にフランスの化学者・ヴォークランが紅鉛鉱から新元素を発見。**その化合物がさまざまな色に変化するため、ギリシャ語の「色（chroma）」にちなんで「クロム」と名づけられたのです。

1年後、ヴォークランは新元素・ベリリウムを発見し、さらにエメラルドの緑色が不純物として含まれるクロムによるものであることも発見。※ **当時のある化学者は、ヴォークランをこのように評しています。**

「全てのフランスの化学者の中で飛び抜けて勤勉な化学者」

ちなみに、ヴォークランは少年時代から父と畑で働き、14歳の頃には薬局の実験室助手や皿洗いをしていた苦労人です。

※ルビーの赤色も、不純物として含まれるクロムによるもの。

ゴッホの『ひまわり』は、枯れはじめているかもしれない。

クロムを発見したフランスの化学者・ヴォークランは、1804年にクロムを顔料に使うことを提案。数年後、クロムの絵の具は画家たちに広まっていました。

このクロムを使った黄色を愛用したのが、オランダの画家・ゴッホ（1853～1890年）です。

1880年、ゴッホは27歳で画家になることを決意。1888年の5月に南フランスのアルルで黄色い家をアトリエとして借り、妹にこんな手紙を送っています。

「ぼくはひまわりだけでアトリエ全体を飾ろうと考えている」

『黄色い家』（1888年）

そして8月から、のちに代表作となる『ひまわり』の連作を描きはじめたのです。全部で7枚※描いた『ひまわり』の連作には、クロム・イエローが使われています。

しかし近年、そのクロム・イエローが少しずつ変色していることが判明。光が当たることで他の顔料と反応したり、空気中にわずかに含まれる硫黄と反応するなどして、茶色く濁ってしまったようなのです。

クロム・イエローが使われていたのは、花びらや茎の部分。本物のひまわりとは違い、ゴッホの『ひまわり』は光が苦手だったのです。

※1枚は消失している。

『ひまわり』（1889年）

マンガンを含む鉱物・ロードクロサイト(菱マンガン鉱)

25 Manganese

Mn マンガン

マンガンは硬いがもろい金属の元素。マンガン乾電池などに使われる。また、鉄にマンガンを加えたマンガン鋼は、衝撃や摩耗に強く、鉄道のレールなどに使われる。

原子量：54.94　融点：1246℃　沸点：2061℃　密度：7.21 g/㎤

いい仕事は、
愛される人にやってくる。

「この褐色の石は、あなたの地獄の火であぶられるとどんな結果を生じるか、ぜひとも知りたいと思っております」

1774年、スウェーデンの化学者・ガーンは、友人の化学者・シェーレからこんなメッセージとともに「軟マンガン鉱」という鉱物を受け取ります。**シェーレはこの鉱物に新元素があると確信していたものの、取り出すことができず、ガーンに依頼してきたのです。**

軟マンガン鉱

そこでガーンは軟マンガン鉱の粉末と油を混ぜ、独自の方法で熱し、マンガンを取り出すことに成功。「マンガネシウム」と呼ばれるようになります。しかし、1808年にマグネシウムが発見されると、混同を避けるために「マンガン」と呼ばれるようになりました。

優しく気取らない性格が愛されたガーンは、その後、国会議員や実業家としても活躍。1817年に原子番号34番・セレンが発見されたのは、ガーンの硫酸工場からでした。

赤鉄鉱（せきてっこう）

26　Iron

Fe 鉄

鉄は硬くて加工しやすい金属の元素。地球にある元素の中で一番多い。人間が使っている金属の90％以上は鉄で、赤鉄鉱などの鉱物から取り出している。

原子量：55.85　融点：1538℃　沸点：2862℃　密度：7.874 g/㎤

悪いのは、武器か、人か。

鉄は地球にある元素の中で一番多い元素です。地球の中心部はほとんど鉄でできていると考えられ、地球の約35%は鉄で構成されています。

人類は古くから鉄を暮らしに取り入れていて、古代ローマの博物学者・プリニウスは、西暦77年頃に完成させた『博物誌』の中で、このように記しています。

「鉄は人間の用いる器具のうち、最善のものと最悪のものに用いられる。それを用いて我々は土地を耕し、木を植え、（中略）家をつくり岩石を切り出す。そして他の全ての有用な目的にそれを使用する。が、同時に我々はそれを戦争、殺人、強盗に用いる。（中略） ***自然の仁慈（じんじ）は、『さび』という罰を与えることによって、（中略）鉄を、世にある何にも増して生命の短いものにすることによって、鉄の力そのものに制限を加えた」***

プリニウスは鉄がさびやすい理由を、「戦争などに使われる鉄に対して、自然が与えた罰」だと表現したのです。 ただし、プリニウスは自然が生んだ鉄が悪いとは考えておらず、このようにも記しています。

「悪いのは自然ではなく人間なのだと考えよう」

体と元素

私たちの体は、半分以上が酸素だ。

人間の体の半分以上は水（H_2O）でできています。人間の体を構成する元素の1位は酸素、3位は水素です。

人間のDNAは炭素、水素、酸素、窒素、リンで構成されています。また、アミノ酸は炭素、水素、酸素、窒素、硫黄で構成されています。

血が赤いのは、赤血球にあるヘモグロビンが赤いからです。ヘモグロビンには鉄が含まれていて、その鉄が酸素と結びつき、酸素は血管を通って全身に運ばれます。

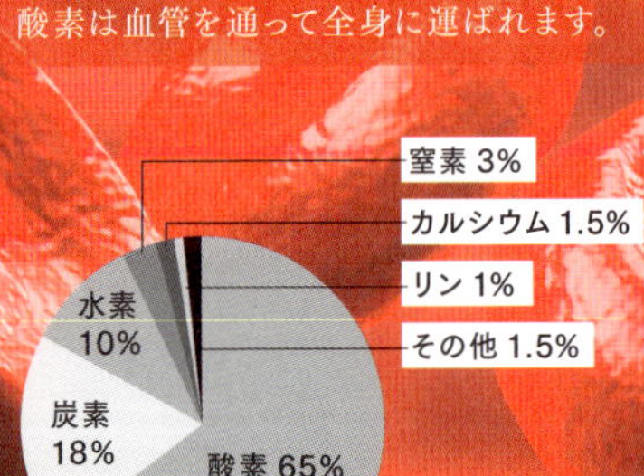

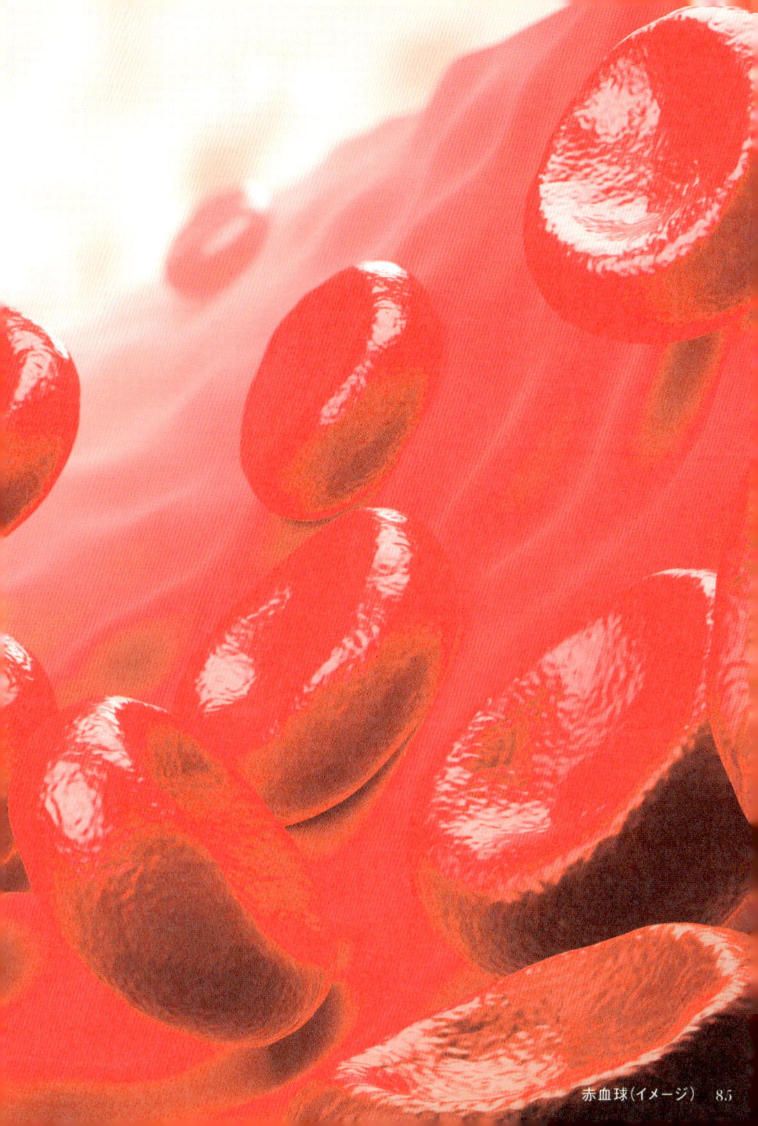

赤血球（イメージ）

スクッテルド鉱

27 Cobalt

Co コバルト

コバルトは合金として使われることが多い金属の元素。ビタミンB_{12}は主にコバルトで構成される。また、日本近海の海底にはコバルトを豊富に含む岩石がある。

原子量：58.93　融点：1495℃　沸点：2927℃　密度：8.90 g/㎤

人は時に危険なものを、神や霊のせいにする。

コバルトの由来は「山の精霊」だと考えられています。

ドイツの言い伝えによると、昔、鉱山で働く人々にやっかいないたずらをして喜ぶ山の精霊がいたそう。この山の妖精は、

「コボルト（Kobold）」

と呼ばれて恐れられ、人々はその災いから逃れるために、教会で祈りを捧げていたと言われています。

コバルトを含む鉱物である輝コバルト鉱やスクッテルド鉱などは、熱せられるとヒ素の毒によって鉱夫の命を脅かすため、「コボルト」と呼ばれ恐れられていたようです。

コバルトは元素と認識される以前から、ガラスを青く着色する原料などに使われていました。

やがて1730年代にスウェーデンの化学者・ブラントがコバルトを取り出すことに成功。のちに「コバルトは鉄とヒ素の化合物」と主張する化学者たちが出てきたものの、1780年にコバルトは元素であることが確認されています。

コラム 偽りの名画とコバルト

絵の具が、罪の証拠になるなんて。

17世紀のオランダの名画家・フェルメールは、代表作『真珠の耳飾りの少女』などで有名です。

真珠の耳飾りの少女(1665年)

20世紀に、フェルメールの作品を偽造して大金持ちになった画家がいます。それがオランダのファン・メーヘレン。彼は「フェルメールなどの12作品ほどを偽造した」と自白したと言われています。

当初、その自白を疑う者も多くいましたが、ファン・メーヘレンが本当に偽造していたことが証明されます。そのきっかけの1つとなったのがコバルト・ブルーです。

『キリストと悔恨の女』

コバルトは古くからガラスの着色などに使われていましたが、絵画に使われるようになったのは19世紀に入ってから。コバルト・ブルーは、17世紀の画家であるフェルメールが使える色ではありませんでした。しかし調査によって、フェルメールの作品とされていた『キリストと悔恨の女』などから、コバルト・ブルーの痕跡が見つかったのです。

『キリストと悔恨の女』は、ドイツ国家元帥・ゲーリングがフェルメールの作品と思い込んで購入した絵です。第二次世界大戦後、この絵の存在がきっかけとなり、捜査が始まることになりました。

『楽譜を読む女』は、ファン・メーヘレンがフェルメールの作品『青衣の女』を手本にして描いたとされる作品です。この絵にも、コバルト・ブルーが使用されていたことが分かっています。

『青衣の女』（1660年代）

捕まったファン・メーヘレンは裁判の途中、判事から「（偽造作品を）法外な価格で売ったのですね?」と聞かれた際、ため息をついてこう返答したそうです。

「もし安く売っていたら、それが偽物の証拠になっちゃうじゃないですか」

『楽譜を読む女』

28 Nickel

ニッケル

Ni ニッケル

ニッケルは加工しやすくさびにくい金属の元素。メッキや合金によく利用される。銅との合金は「白銅（はくどう）」と言い、50円玉、100円玉、500円玉に使われている。

原子量：58.69　融点：1455℃　沸点：2913℃　密度：8.908 g/㎤

ニッケルは、
元をたどると悪魔です。

「銅の悪魔（Kupfernickel）」

かつて鉱夫たちは、銅を含む鉱物に似ているのに、銅が採れない鉱物をこのように呼んでいました。「銅が採れないのは、悪魔・ニックが出し惜しんでいるせいだ」と考えていたそうです。

1751年、スウェーデンの化学者・クロンステットは、ある鉱物から銅が取り出せることを期待して分析を始めます。しかし、銅はいつまで経っても現れません。

代わりに取り出せたのが白い金属。これが新元素だと分かると、クロンステットは「銅の悪魔（Kupfernickel）」にちなんで「ニッケル」と名づけました。

当時クロンステットが分析したのは紅砒ニッケル鉱。この鉱物こそが、「銅の悪魔」の1つだったのです。

紅砒ニッケル鉱

流れ星は時に隕石になる。隕石は時に刀になる。

「いつかこんな刀をつくってみたい」

1874年に駐ロシア大使となった榎本武揚（1836～1908年）は、ロシア皇帝の離宮で見た刀に大きな興味を持ちました。その刀の素材は、なんと隕石（隕鉄）。榎本はもともと鉱物学や製鉄技術に関心があったのです。

1895年、富山県で発見された隕鉄を買い取った榎本は、刀工・岡吉国宗に依頼して、1898年に隕鉄から長刀を2つ、短刀を3つ製作。「流星刀」と名づけます。そして、その長刀の1つを当時の皇太子（のちの大正天皇）に献上したのです。

流星刀

榎本は世界や日本に落ちた隕石の実例などを1898年にまとめ、その中で榎本が所有する隕鉄の成分についても記しています。流星刀をつくった隕鉄は、約89%が鉄、約9%がニッケルでできていたそうです。

江戸時代末期に海軍副総裁だった榎本は、明治政府軍に激しく抵抗したものの最後は降伏し、明治時代に入ると北海道開拓に貢献。大臣を歴任しました。

美ヶ原高原の流れ星(長野

銅(自然銅)

29　Copper

Cu 銅

銅は赤みのある加工しやすい金属の元素。人間が最初に使った金属と考えられている。スズとの合金は青銅(ブロンズ)、亜鉛との合金は黄銅(真鍮(しんちゅう))と言う。

原子量：63.55　融点：1084.62℃　沸点：2562℃　密度：8.96 g/㎤

自由の女神は、赤かった。

自由の女神（アメリカ）

ニューヨーク（アメリカ）の象徴として有名な自由の女神は、1886年の完成当初、赤みのある色をしていました。その後、約30年かけて現在のような緑色に変化していったそうです。

その原因は、表面が銅で覆われているから。銅はさびると緑色になるのです。このさびは「緑青（ろくしょう）」と呼ばれます。銅とスズの合金（青銅）でできている10円玉に、緑色の汚れがついていることがありますが、それも緑青です。

緑青は古代には医薬品として用いられていました。フランスのぶどう農家では、銅の板の上にぶどうの皮を乗せ、酸化する皮によって銅をさびさせて緑青をつくっていたこともあります。

緑青が顔料に使われる時代もありましたが、他の顔料と化学反応を起こしたり、退色したりしてしまうことも多く、使いづらかったようです。

金管楽器の1つ・ホルン

30 Zinc

Zn 亜鉛

亜鉛はトタンに使われる金属の元素。亜鉛で鉄をメッキしたものがトタン。亜鉛が先にさびることで内側を守り、鉄のさびを防ぐ。亜鉛は牡蠣(かき)や豚レバーなどに多く含まれる。

原子量：65.38　融点：419.527℃　沸点：907℃　密度：7.14 g/㎤

昔は目薬に。今は音楽に。

2,000年近く前、亜鉛の化合物は薬に使われていました。傷や目のただれの治療に効くと考えられていたからです。

13世紀のイタリアの冒険家・マルコ・ポーロによる『東方見聞録』にも、眼病の薬に使われる亜鉛の化合物がペルシャの街で製造されている様子が記されています。

亜鉛（Zinc）の由来は、一説によるとドイツ語の「フォークなどの歯（zinke）」とも言われています。精錬した際、ギザギザした形になるからです。

亜鉛

亜鉛と銅の合金は、「黄銅（真鍮（しんちゅう））」と言います。黄銅は英語で「brass」。ブラスバンドの「ブラス」は黄銅だと考えられています。金管楽器が黄銅でできているからです。※

※5円玉も黄銅でできている。

閃亜鉛鉱（せんあえんこう）※

31　Gallium

Ga ガリウム

ガリウムは約30℃で液体になる金属の元素。窒素との化合物は青色LEDに使われる。また、ヒ素との化合物は半導体に使われる。

原子量：69.72　融点：29.7646℃　沸点：2204℃　密度：5.91 g/㎤

真実を知っているのは、化学者本人だけでした。

ロシアの化学者・メンデレーエフは、1869年に周期表を発表した際、いつかガリウムが発見されることを予測していました。

1875年、フランスの化学者・ボアボードランが閃亜鉛鉱からガリウムを発見します。すると、メンデレーエフは彼に「もう一度、ガリウムの性質をはかり直してみてください」と手紙を送ります。ボアボードランはガリウムの密度を4.9g/㎤と発表していましたが、メンデレーエフは6g/㎤程度と予測していたからです。ボアボードランがもう一度分析すると、密度の値のミスが判明。ガリウムの密度は約5.9 g/㎤でした。

ガリウムの由来は、ボアボードランの出身地・フランスのラテン語名「Gallia」とされています。**しかし、一説によるとボアボードランの名前「Paul Émile Lecoq de Boisbaudran」の「Lecoq」が由来とも。フランス語の「Lecoq」を2つに分け「le coq(おんどり)」と考え、「おんどり」のラテン語名「gallus」から「ガリウム」と名づけたという説です。**

ボアボードランはこっそり、自分の名前を元素に入れたのかもしれません。

※閃亜鉛鉱には、わずかにガリウムが含まれていることがある。

32　Germanium

ゲルマニウム

Ge ゲルマニウム

ゲルマニウムは硬いがもろい半金属★3の元素。光の屈折率を上げるため、光ファイバーに使われる。また、赤外線を通すため、赤外線カメラのレンズに使われる。

原子量：72.63　融点：938.25℃　沸点：2833℃　密度：5.323 g/㎤

たまにはやけになるのも悪くない。

ゲルマニウムもまた、ロシアの化学者・メンデレーエフが存在を予測していた元素です。

1885年、分析技術に定評があったドイツの化学教授・ヴィンクラーは、フライベルク（ドイツ）近くの鉱山で見つかった新しい鉱物※の成分分析を依頼されます。そして、その鉱物の成分が銀75%、硫黄18%であることを突き止めます。しかし、残りの7%が分かりません。「7%に新元素が含まれている」と期待したヴィンクラーでしたが、何度試しても7%の正体は不明なまま。失敗に失敗を重ね続け、年が明けてしまったのです。

依頼から4ヵ月ほど経った1886年2月6日、成果が出ないことに気落ちしたヴィンクラーは、いつもの分析物に大量の塩酸を注ぎ込みます。すると、初めて見る白い沈殿物が現れたのです。失望から一転、大喜びした彼は、そこから新元素を取り出すことに成功。出身地・ドイツのラテン語名「Germania」にちなんで、「ゲルマニウム」と名づけたのです。発見時、ヴィンクラーはメンデレーエフに手紙を送り、こう書き添えています。

「あなたの天才的な研究に、またもや勝利の凱歌があがることになるだろう」

※この鉱物は硫銀ゲルマニウム鉱。

石黄（せきおう）

33 Arsenic

As ヒ素

ヒ素は毒性の強い半金属★3の元素。ガリウムとの化合物などが半導体に使われる。また、急性前骨髄球性白血病の薬にヒ素の化合物が使われている。

原子量：74.92　融点：817℃（加圧下）　沸点：614℃（昇華）　密度：5.727 g/㎤

その化粧水には、裏の顔がありました。

16～17世紀頃、南イタリアにトファーニアという老女がいました。この老女がつくった化粧水が売られはじめると、

「トファナ水」

と呼ばれて人気を博します。それにはある理由がありました。化粧水ではなく、恋人や夫の暗殺にも使われたのです。

その結果、未亡人が大量に増えてしまい、国があわててトファナ水を取り締まることに。それでもトファナ水は街に出回り続けたそうです。**トファナ水の主成分は、亜ヒ酸※だったと言われています。**

亜ヒ酸は、イタリアやフランスで一族の後継者争いの際、毒殺に使われたことも多く、「継承の粉薬」と呼ばれていたそうです。

また、17世紀のフランスの黒魔術師・ラ・ヴォワザンは、ヒ素を含む鉱物である鶏冠石(けいかんせき)や石黄について、こう表現しています。

「鶏冠石と石黄こそ毒薬の父である」

※亜ヒ酸はヒ素の化合物。三酸化二ヒ素。

ナポレオンの人生は、南の孤島で幕を閉じた。

ナポレオンはヒ素で毒殺された！？

フランスの皇帝・ナポレオン（1769～1821年）は、1815年にワーテルローの戦いで敗北。イギリスに降伏し、大西洋の島・セントヘレナ島に流されてしまいます。

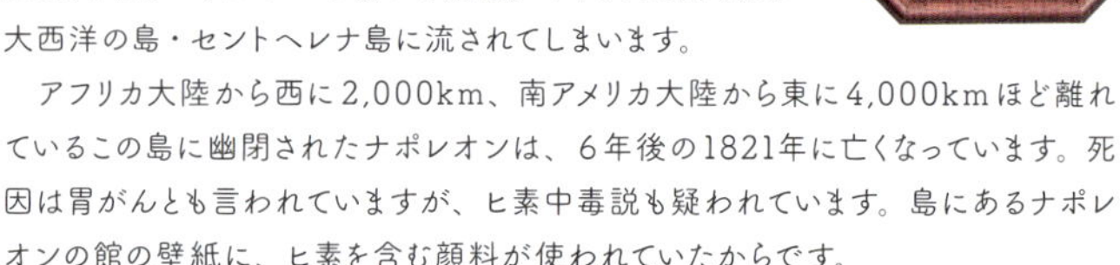

アフリカ大陸から西に2,000km、南アメリカ大陸から東に4,000kmほど離れているこの島に幽閉されたナポレオンは、6年後の1821年に亡くなっています。死因は胃がんとも言われていますが、ヒ素中毒説も疑われています。島にあるナポレオンの館の壁紙に、ヒ素を含む顔料が使われていたからです。

セントヘレナ島（イギリス領）

ロングウッドハウス

髪の毛から大量のヒ素が！

「ロングウッドハウス」と呼ばれるナポレオンの館は、部屋の壁が「シェーレ・グリーン」という緑色の顔料で塗られていました。これは1770年代にスウェーデンの化学者・シェーレが開発した、ヒ素の化合物（亜ヒ酸銅）の顔料。ナポレオンは常にヒ素に囲まれて、晩年を過ごしていたのです。

その毛髪を分析したところ、ヒ素の含有量が現代人の何十倍も高いことが判明。一気にナポレオン毒殺説が浮上します。

昔はヒ素を摂取しやすかった？

しかし、ナポレオンの死因は今もはっきりとは分かっていません。ナポレオンが日常的に服用していた薬には、ヒ素の他に水銀やアンチモンなどの有害な元素も含まれていたそうです。

また、ナポレオンの妻や子どもの髪を分析したところ、ナポレオン並みにヒ素の含有量が高かったことが分かっています。シェーレ・グリーンの壁紙が一時期イギリスで広く使われていたことなどをふまえると、当時の人々は今よりヒ素を摂取しやすい環境で暮らしていたのかもしれません。

ロングウッドハウスの部屋

黄鉄鉱(おうてっこう)※1

34 Selenium

Se セレン

セレンは硫黄やテルルに似ている元素。普段は電気を通さないが、光が当たると電気を通す。日本はセレンの主要産出国。体に必要な元素で、カツオなどに多く含まれる。

原子量：78.97　融点：221℃（灰色）　沸点：685℃（灰色）　密度：4.81 g/㎤（灰色）

周期表の世界でも、地球の上には月がある。

スウェーデンの化学者・ベルセリウスとガーンは、黄鉄鉱を使って硫酸を製造する工場を共有していました。1817年、ベルセリウスは知り合いの博士に「硫酸に混ざったテルル※2を見つけた」と手紙を書いています。しかし、翌年ベルセリウスが送った手紙には、驚きの事実が記されていました。

「ガーンと私がテルルだと思っていたものが、興味のある諸性質をそなえた新元素であることが分かりました」

ベルセリウスはその新元素の名前を、ギリシャ語の「月(selene)」にちなんで「セレン」と名づけます。テルルの由来はラテン語の「地球(tellus)」。「セレン」と命名したのは、周期表でテルルの上にある元素だったからです。

	1	2	3	4	5	6	7	8	9	10	11	12	13	14	15	16	17	18
1	1 H																	2 He
2	3 Li	4 Be											5 B	6 C	7 N	8 O	9 F	10 Ne
3	11 Na	12 Mg											13 Al	14 Si	15 P	16 S	17 Cl	18 Ar
4	19 K	20 Ca	21 Sc	22 Ti	23 V	24 Cr	25 Mn	26 Fe	27 Co	28 Ni	29 Cu	30 Zn	31 Ga	32 Ge	33 As	34 Se	35 Br	36 Kr
5	37 Rb	38 Sr	39 Y	40 Zr	41 Nb	42 Mo	43 Tc	44 Ru	45 Rh	46 Pd	47 Ag	48 Cd	49 In	50 Sn	51 Sb	52 Te	53 I	54 Xe
6	55 Cs	56 Ba	57~71	72 Hf	73 Ta	74 W	75 Re	76 Os	77 Ir	78 Pt	79 Au	80 Hg	81 Tl	82 Pb	83 Bi	84 Po	85 At	86 Rn
7	87 Fr	88 Ra	89~103	104 Rf	105 Db	106 Sg	107 Bh	108 Hs	109 Mt	110 Ds	111 Rg	112 Cn	113 Nh	114 Fl	115 Mc	116 Lv	117 Ts	118 Og

※1 黄鉄鉱にはわずかにセレンが含まれていることがある。
※2 テルルは1782年に発見されていた元素。

臭素の濃度が高い死海

35 Bromine

Br 臭素

臭素は毒性が強く、刺激臭のする液体の元素。海水にも含まれている。銀との化合物(臭化銀)は、写真の感光剤に使われる。

原子量：79.90　融点：－7.2℃　沸点：58.8℃　密度：3.1028 g/㎤（液体）

失敗をすぐ忘れる人がいる。失敗を糧にする人もいる。

「悪臭」が名前の由来となった元素があります。

1826年、フランスの薬学大学の助手・バラールは、故郷・モンペリエの塩水湿地の水から新元素を発見したことを発表します。

彼はラテン語の「塩水(muria)」にちなんで「ムライド」と名づけましたが、フランス科学アカデミーに拒まれてしまうことに。**結局、ギリシャ語の「悪臭(bromos)」にちなんで「臭素(Bromine)」と名づけられました。**

臭素発見の報告を聞いて激しく後悔したのが、ドイツのリービッヒ。のちに偉大な化学者※となる彼は、数年前に調査を依頼され、よく調べずに塩化ヨウ素と結論づけた液体が、臭素と同じものだと気づいたからです。

リービッヒは自分への戒めとして、その液体が入っているビンを「あやまちの戸棚」と名づけた特別なケースにしまったそうです。

臭素

※リービッヒは「有機化学・農芸化学の始祖」と呼ばれる。

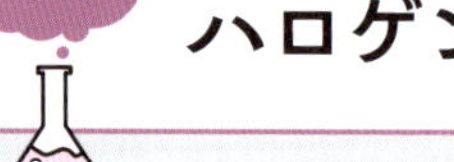

周期表コラム ハロゲン

	1	2	3	4	5	6	7	8	9	10	11	12	13	14	15	16	17	18
1	1 H																	2 He
2	3 Li	4 Be											5 B	6 C	7 N	8 O	9 F	10 Ne
3	11 Na	12 Mg											13 Al	14 Si	15 P	16 S	17 Cl	18 Ar
4	19 K	20 Ca	21 Sc	22 Ti	23 V	24 Cr	25 Mn	26 Fe	27 Co	28 Ni	29 Cu	30 Zn	31 Ga	32 Ge	33 As	34 Se	35 Br	36 Kr
5	37 Rb	38 Sr	39 Y	40 Zr	41 Nb	42 Mo	43 Tc	44 Ru	45 Rh	46 Pd	47 Ag	48 Cd	49 In	50 Sn	51 Sb	52 Te	53 I	54 Xe
6	55 Cs	56 Ba	57~71	72 Hf	73 Ta	74 W	75 Re	76 Os	77 Ir	78 Pt	79 Au	80 Hg	81 Tl	82 Pb	83 Bi	84 Po	85 At	86 Rn
7	87 Fr	88 Ra	89~103	104 Rf	105 Db	106 Sg	107 Bh	108 Hs	109 Mt	110 Ds	111 Rg	112 Cn	113 Nh	114 Fl	115 Mc	116 Lv	117 Ts	118 Og

17族の元素は、「ハロゲン」と呼ばれます。ギリシャ語の「塩(hals)」と「産む(gen)」を組み合わせて名づけられました。ハロゲンの元素は、金属の元素と反応すると塩(えん)をつくります。

「塩(えん)」とは、ハロゲンの陰イオン[★2]と金属の陽イオンがイオン結合したものです。例えば、塩素(ハロゲン)とナトリウム(アルカリ金属・P116)による塩化ナトリウムや、臭素(ハロゲン)とカリウム(アルカリ金属)による臭化カリウムなどが塩になります。

フッ素(F)、塩素(Cl)、臭素(Br)、ヨウ素(I)、アスタチン(At)がハロゲンです。※

※同じ17族のテネシンは、他のハロゲンと性質が異なる可能性がある。

周期表コラム

貴(き)ガス

	1	2	3	4	5	6	7	8	9	10	11	12	13	14	15	16	17	18
1	1 H																	2 He
2	3 Li	4 Be											5 B	6 C	7 N	8 O	9 F	10 Ne
3	11 Na	12 Mg											13 Al	14 Si	15 P	16 S	17 Cl	18 Ar
4	19 K	20 Ca	21 Sc	22 Ti	23 V	24 Cr	25 Mn	26 Fe	27 Co	28 Ni	29 Cu	30 Zn	31 Ga	32 Ge	33 As	34 Se	35 Br	36 Kr
5	37 Rb	38 Sr	39 Y	40 Zr	41 Nb	42 Mo	43 Tc	44 Ru	45 Rh	46 Pd	47 Ag	48 Cd	49 In	50 Sn	51 Sb	52 Te	53 I	54 Xe
6	55 Cs	56 Ba	57~71	72 Hf	73 Ta	74 W	75 Re	76 Os	77 Ir	78 Pt	79 Au	80 Hg	81 Tl	82 Pb	83 Bi	84 Po	85 At	86 Rn
7	87 Fr	88 Ra	89~103	104 Rf	105 Db	106 Sg	107 Bh	108 Hs	109 Mt	110 Ds	111 Rg	112 Cn	113 Nh	114 Fl	115 Mc	116 Lv	117 Ts	118 Og

18族の元素は、「貴ガス」と呼ばれます。他の元素とほとんど反応せず、単体の気体で存在することが多いため、「高貴なガス」という意味で名づけられました。

以前は「自然界に希(まれ)な気体」という意味で「希ガス」と呼ばれていましたが、アルゴンは空気中の元素で3番目に多く、他の元素も少ない存在ではないため、教科書などでも「貴ガス」と表記するようになりました。

ヘリウム（He）、ネオン（Ne）、アルゴン（Ar）、クリプトン（Kr）、キセノン（Xe）、ラドン（Rn）が貴ガスです。※

※同じ18族のオガネソンは、他の貴ガスと性質が異なる可能性がある。

光るクリプトン

36　Krypton

Kr クリプトン

クリプトンは他の元素と反応しにくい気体の元素。地球上にある気体の元素の中で一番少ない。熱を伝えにくいため、電球のフィラメントを長持ちさせるために入れられる。

原子量：83.80　融点：－157.37℃　沸点：－153.415℃　密度：0.003749 g/㎤（気体）

大事な試験を忘れそうになるくらい喜ぶことって、人生で何回あるだろう。

「ヘリウムとアルゴンの間に未知の元素がある」

そう考えたのが、イギリスの化学者・ラムゼーです。**1898年のある日、彼は助手のトラバースとともに、液体空気から大部分がアルゴン※でできた液体をつくります。それを気体にしたところ、中から新元素を発見。**2人は23時まで夢中で新元素の測定を続けます。**発見を喜びすぎたトラバースは、うれしさのあまり翌日の大事な試験を忘れるところだったそうです。**

この新元素はギリシャ語の「隠れた（kryptos）」にちなんで「クリプトン」と命名されました。クリプトンは空気に約0.0003%しか含まれていないからです。2人が「ヘリウムとアルゴンの間にある未知の元素」を発見したのは、このすぐ後のことでした。それがネオンです。

	1	2	3	4	5	6	7	8	9	10	11	12	13	14	15	16	17	18
1	1 H																	2 He
2	3 Li	4 Be											5 B	6 C	7 N	8 O	9 F	10 Ne
3	11 Na	12 Mg											13 Al	14 Si	15 P	16 S	17 Cl	18 Ar
4	19 K	20 Ca	21 Sc	22 Ti	23 V	24 Cr	25 Mn	26 Fe	27 Co	28 Ni	29 Cu	30 Zn	31 Ga	32 Ge	33 As	34 Se	35 Br	36 Kr
5	37 Rb	38 Sr	39 Y	40 Zr	41 Nb	42 Mo	43 Tc	44 Ru	45 Rh	46 Pd	47 Ag	48 Cd	49 In	50 Sn	51 Sb	52 Te	53 I	54 Xe
6	55 Cs	56 Ba	57~71	72 Hf	73 Ta	74 W	75 Re	76 Os	77 Ir	78 Pt	79 Au	80 Hg	81 Tl	82 Pb	83 Bi	84 Po	85 At	86 Rn
7	87 Fr	88 Ra	89~103	104 Rf	105 Db	106 Sg	107 Bh	108 Hs	109 Mt	110 Ds	111 Rg	112 Cn	113 Nh	114 Fl	115 Mc	116 Lv	117 Ts	118 Og

※空気中にある元素の中で、窒素、酸素の次に多いのがアルゴン。

リチア雲母

37　Rubidium

Rb ルビジウム

ルビジウムは約39℃で液体になる金属の元素。ルビジウム原子時計は、GPSの受信器などに使われている。セシウム原子時計(P143)のほうが正確だが値段が高い。

原子量：85.47　融点：39.30℃　沸点：688℃　密度：1.532 g/㎤

人生の楽しみ方は、それぞれ違うものだから。

1861年、ドイツの化学者・ブンゼンとキルヒホッフは、「リチア雲母」という鉱物から新元素を発見します。

新元素のスペクトル線★[5]が赤かったため、ラテン語の「赤みのある（rubidus）」にちなんで「ルビジウム」と名づけました。

1886年、ハイデルベルク大学の500周年の朝食会が開かれた際、当時70歳を越えていたブンゼンは、3時間以上におよぶイベントで居眠りをしてしまったそう。演説していた人が声を張り上げたところ、驚いて目を覚ましたブンゼンは隣の人に小声でこう言ったそうです。

「ルビジウムの入った試験管を床に落としたかと思いましたよ」

ちなみに、毎日朝から晩まで実験室にこもって仕事をしていたブンゼンは、学生たちを細かく指導し、学生や同僚からも愛されていました。**生涯独身を貫いた彼は、「なぜ結婚しないのか？」と聞かれると、決まってこう答えていたそうです。**

「その暇がなかった」

アルカリ金属

	1	2	3	4	5	6	7	8	9	10	11	12	13	14	15	16	17	18
1	1 H																	2 He
2	3 Li	4 Be											5 B	6 C	7 N	8 O	9 F	10 Ne
3	11 Na	12 Mg											13 Al	14 Si	15 P	16 S	17 Cl	18 Ar
4	19 K	20 Ca	21 Sc	22 Ti	23 V	24 Cr	25 Mn	26 Fe	27 Co	28 Ni	29 Cu	30 Zn	31 Ga	32 Ge	33 As	34 Se	35 Br	36 Kr
5	37 Rb	38 Sr	39 Y	40 Zr	41 Nb	42 Mo	43 Tc	44 Ru	45 Rh	46 Pd	47 Ag	48 Cd	49 In	50 Sn	51 Sb	52 Te	53 I	54 Xe
6	55 Cs	56 Ba	57~ 71	72 Hf	73 Ta	74 W	75 Re	76 Os	77 Ir	78 Pt	79 Au	80 Hg	81 Tl	82 Pb	83 Bi	84 Po	85 At	86 Rn
7	87 Fr	88 Ra	89~ 103	104 Rf	105 Db	106 Sg	107 Bh	108 Hs	109 Mt	110 Ds	111 Rg	112 Cn	113 Nh	114 Fl	115 Mc	116 Lv	117 Ts	118 Og

水素以外の1族の元素は、「アルカリ金属」と呼ばれます。水に溶けるとアルカリ性になる金属だからです。軽くてやわらかく、他の元素と反応しやすい特徴があります。

リチウム(Li)、ナトリウム(Na)、カリウム(K)、ルビジウム(Rb)、セシウム(Cs)、フランシウム(Fr)がアルカリ金属です。

ちなみに、水素は超高圧になると、凝縮して金属になると考えられています。70%以上が水素でできている木星の内側には、液体になった金属の水素があると言われています。

アルカリ土類金属

	1	2	3	4	5	6	7	8	9	10	11	12	13	14	15	16	17	18
1	1 H																	2 He
2	3 Li	4 Be											5 B	6 C	7 N	8 O	9 F	10 Ne
3	11 Na	12 Mg											13 Al	14 Si	15 P	16 S	17 Cl	18 Ar
4	19 K	20 Ca	21 Sc	22 Ti	23 V	24 Cr	25 Mn	26 Fe	27 Co	28 Ni	29 Cu	30 Zn	31 Ga	32 Ge	33 As	34 Se	35 Br	36 Kr
5	37 Rb	38 Sr	39 Y	40 Zr	41 Nb	42 Mo	43 Tc	44 Ru	45 Rh	46 Pd	47 Ag	48 Cd	49 In	50 Sn	51 Sb	52 Te	53 I	54 Xe
6	55 Cs	56 Ba	57~71	72 Hf	73 Ta	74 W	75 Re	76 Os	77 Ir	78 Pt	79 Au	80 Hg	81 Tl	82 Pb	83 Bi	84 Po	85 At	86 Rn
7	87 Fr	88 Ra	89~103	104 Rf	105 Db	106 Sg	107 Bh	108 Hs	109 Mt	110 Ds	111 Rg	112 Cn	113 Nh	114 Fl	115 Mc	116 Lv	117 Ts	118 Og

2族の元素は、「アルカリ土類金属」と呼ばれます。1族のアルカリ金属ほどではないですが、他の元素と反応しやすい金属の元素です。アルカリ金属はナイフでも切れますが、アルカリ土類金属はそこまでやわらかくありません。

水に溶けるとアルカリ性になる金属の元素で、土のように火に強いことが名前の由来とされています。

ベリリウム（Be）、マグネシウム（Mg）、カルシウム（Ca）、ストロンチウム（Sr）、バリウム（Ba）、ラジウム（Ra）がアルカリ土類金属です。

ストロンチアンの森(イギリス・スコットランド)

38 Strontium

Sr ストロンチウム

ストロンチウムは赤い花火に使われる金属の元素。1秒を定義しているセシウム原子時計(P143)よりも、ストロンチウム光格子時計のほうが正確だと考えられている。

原子量:87.62　融点:777℃　沸点:1377℃　密度:2.64 g/㎤

昔あるところに、
石を探す医師がいました。

きっかけは、患者に与える薬の素材探しでした。

イギリスの医師・クロフォードは、病院で使用する薬の素材を研究していました。ストロンチアンで見つかった鉱物を手に入れた彼は、1790年の論文で「この新鉱物の中に新物質が含まれている可能性がある」と発表します。

やがて1792年、イギリスの化学者・ホープが「ストロンチアン石（せき）」と呼ばれるその新鉱物に、新元素が含まれていることを報告。1808年、イギリスの化学者・デービーによって新元素が取り出され、ストロンチアン石が発見された場所にちなんで「ストロンチウム」と名づけられました。

ストロンチアン石

ガドリン石

39　Yttrium

Y イットリウム

イットリウムは、合金として加えると強度が上がる金属の元素。アルミニウム、酸素との化合物であるYAGのレーザーは、医療、通信、白色LEDなどに使われる。

原子量：88.91　融点：1526℃　沸点：3345℃　密度：4.472 g/㎤

「人生は日々勉強」と言うけれど、実践する人は少ない。

イットリウム発見の道をつくったのは、死ぬまで化学に好奇心を持ち続けた1人の化学者でした。

1787年、スウェーデンの化学者・アレニウスは、イッテルビー村で見たことのない黒い鉱物を発見します。

この鉱物に注目したフィンランドの化学者・ガドリンは、1794年、この鉱物に新元素を含む酸化物があることを発見。のちに新元素はイッテルビー村にちなんで「イットリウム」※、酸化物は「イットリア」、鉱物は「ガドリン石」と名づけられました。

イットリウム

ちなみに、ガドリン石の発見者・アレニウスは、軍隊生活によって化学から離れる時期があり、それをとても悔やんでいたのだとか。

そのためアレニウスは、60歳近くになってからもスウェーデンの化学者・ベルセリウスの研究室で化学を勉強し、ベルセリウスの講義に出席し続けました。死ぬ間際さえ、化学に関するうわごとを言っていたそうです。

※イットリウムは、初めて発見されたレアアース(P122)。

レアアース

	1	2	3	4	5	6	7	8	9	10	11	12	13	14	15	16	17	18
1	1 H																	2 He
2	3 Li	4 Be											5 B	6 C	7 N	8 O	9 F	10 Ne
3	11 Na	12 Mg											13 Al	14 Si	15 P	16 S	17 Cl	18 Ar
4	19 K	20 Ca	21 Sc	22 Ti	23 V	24 Cr	25 Mn	26 Fe	27 Co	28 Ni	29 Cu	30 Zn	31 Ga	32 Ge	33 As	34 Se	35 Br	36 Kr
5	37 Rb	38 Sr	39 Y	40 Zr	41 Nb	42 Mo	43 Tc	44 Ru	45 Rh	46 Pd	47 Ag	48 Cd	49 In	50 Sn	51 Sb	52 Te	53 I	54 Xe
6	55 Cs	56 Ba		72 Hf	73 Ta	74 W	75 Re	76 Os	77 Ir	78 Pt	79 Au	80 Hg	81 Tl	82 Pb	83 Bi	84 Po	85 At	86 Rn
7	87 Fr	88 Ra		104 Rf	105 Db	106 Sg	107 Bh	108 Hs	109 Mt	110 Ds	111 Rg	112 Cn	113 Nh	114 Fl	115 Mc	116 Lv	117 Ts	118 Og

57 La	58 Ce	59 Pr	60 Nd	61 Pm	62 Sm	63 Eu	64 Gd	65 Tb	66 Dy	67 Ho	68 Er	69 Tm	70 Yb	71 Lu
89 Ac	90 Th	91 Pa	92 U	93 Np	94 Pu	95 Am	96 Cm	97 Bk	98 Cf	99 Es	100 Fm	101 Md	102 No	103 Lr

3族の中でも、スカンジウム(Sc)、イットリウム(Y)、ランタノイド(P148)を「レアアース(希土類元素(きどるいげんそ))」と言います。限られた地域にだけ存在し、生産国が限定される元素です。現在その多くは中国で生産されています。

スマートフォンから自動車まで、レアアースは現代社会に欠かせない元素です。例えばネオジム(Nd)とジスプロシウム(Dy)は、次世代自動車のモーターの永久磁石などに使われます。

レアアースは全部で17元素あります。

ジルコン

40　Zirconium

Zr ジルコニウム

ジルコニウムは、常温では他の元素とほとんど反応しない金属の元素。中性子を吸収しにくいため、中性子で核分裂★6反応を起こす原子力発電所の核燃料棒などに使われる。

原子量：91.22　融点：1855℃　沸点：4377℃　密度：6.52 g/㎤

宝石の中に、ずっと隠れていた元素です。

ジルコンは古くから地球に存在する鉱物です。**約44億年前のものも発見されています。ダイヤモンド並みに輝くため、中世からは宝石として愛され、12月の誕生石の1つです。**しかし長い間、その中にある新元素の存在は気づかれていませんでした。化学者たちが何度か分析したものの、全て間違っていたのです。

ドイツの化学者・クラプロートによってジルコンから新元素・ジルコニウムが発見されたのは、1789年のことでした。※

※ジルコンはジルコニウム、ケイ素、酸素でできている鉱物。

黒い部分がコルンブ石

41　Niobium

Nb ニオブ

ニオブはタンタルと似た性質を持つ金属の元素。チタンとの合金は、リニアモーターカーやMRI(核磁気共鳴画像法)の超伝導電磁石に使われている。

原子量：92.91　融点：2477℃　沸点：4744℃　密度：8.57 g/㎤

歳を重ねて一番減るのは、熱量だと思う。

1801年、大英博物館の鉱物を整理していたイギリスの化学者・ハチェットは、その中の1つ・コルンブ石に新元素が含まれていることを発見。「コロンビウム」と名づけます。

しかし翌年、原子番号73番・タンタルが発見されると、コロンビウムと性質が似ていたため「コロンビウムとタンタルは同じ元素」と考えられてしまうことに。その誤解が解けるのには、60年以上の月日が必要でした。

1846年、ドイツの化学者・ローゼが新元素のニオブを発見。**やがて1866年、ニオブとコロンビウムが同じ元素であることが確認されたのです。**ニオブとコロンビウムという元素名はどちらも使われ続けましたが、1950年にニオブに統一されました。

ちなみに、有名な馬車製造業者の家に生まれたハチェットは、歳を重ねるにつれ、研究から遠のいていったようです。55歳頃のハチェットについて、友人はこう評しています。

「ハチェットは財産を大事にしており、名士たちの機嫌をとっています。しかしもはや、化学上の仕事は何もしていません」

輝水鉛鉱（モリブデナイト）

42　Molybdenum

Mo モリブデン

モリブデンは融点と沸点が高い金属の元素。ステンレス(鉄にクロムやニッケルなどを加えた合金)に加えると強度が上がり、熱に強く、さびにくくなる。

原子量：95.95　融点：2623℃　沸点：4639℃　密度：10.28 g/㎤

人はたいてい、最初は見た目で判断する。

「モリュブドス（molybdos）」

古代ギリシャでは、こすると跡が残る鉛や黒鉛（P19）などを、そう呼んでいました。モリブデンの由来も、元をたどれば「モリュブドス」。モリブデンが発見された「輝水鉛鉱」という鉱物の見た目が、鉛を含む鉱物※に似ていたからです。

モリブデンは1778年にスウェーデンの化学者・シェーレが発見し、1781年に友人のイエルムが取り出すことに成功しました。

※この鉱物は方鉛鉱（P194）。

赤色巨星の1つ・オリオン座のベテルギウス※(瀬戸内海)

43 Technetium

Tc テクネチウム

テクネチウムは金属の放射性元素。★7 半減期★8が6時間しかない同位体★1テクネチウム99mは、がん(骨や臓器など)の画像検査の診断薬として使われる。

原子量：(99)　融点：2157℃　沸点：4265℃　密度：11 g/cm³

人類初の人工元素は、宇宙で自然につくられていた。

テクネチウムは、世界で初めて人工的につくられた元素です。1937年、モリブデンの原子核に陽子が1つ取り込まれたものが発見され、1947年に「テクネチウム」と名づけられました。由来はギリシャ語の「人工の(technetos)」です。

地球上にはほとんど存在しないテクネチウムですが、宇宙では年老いた星(赤色巨星)の表面で観測されています。

※ベテルギウスの表面でテクネチウムが観測されたわけではない。

小惑星・ベスタと探査機・ドーン（イメージ）

44 Ruthenium

Ru ルテニウム

ルテニウムは硬いがもろい金属の元素。白金族★9の1つ。ハードディスクドライブの磁性層、有機物を合成する触媒★10、アクセサリーのメッキなどに使われる。

原子量：101.1　融点：2334℃　沸点：4150℃　密度：12.45 g/㎤

味方がゼロでも、自分を貫けますか。

1807年、火星と木星の間を回る小惑星・ベスタが発見されました。**同じ頃、ポーランドの化学者・シニャデツキは新しい金属の元素を発見。ベスタにちなんで「ベスチウム」と名づけます。しかし、他の化学者たちによる確認実験ではベスチウムは見つからず、シニャデツキは発見を撤回。それ以上実験を行いませんでした。**

新元素・ルテニウムが取り出されたのは、シニャデツキが亡くなってから6年後の1844年のこと。それはベスチウムと同じ元素でした。

45　Rhodium　　ロジウム

Rh ロジウム

ロジウムはよく反射する金属の元素。白金族★9の1つ。アクセサリーのメッキや、自動車の排ガスを無害な窒素や二酸化炭素に変える触媒★10コンバーターに使われている。

原子量：102.9　融点：1964℃　沸点：3695℃　密度：12.41 g/㎤

きれいなままで結果を出す人は少ない。

ロジウムはパラジウムと同時に発見された元素です。**1803年、イギリスの化学者・ウラストンが、白金の鉱物を溶かし、白金やパラジウムを分離させ、ロジウムを取り出しました。**名前の由来はギリシャ語の「バラ（rhodon）」。※発見した際の水溶液が、バラのように赤かったからです。

ちなみに、ウラストンがロジウムの発見に使用した白金の鉱物は、南アメリカから密輸されたものだったようです。

※もしくは「バラ色の（rhodeos）」。

パラジウム

46　Palladium

Pd パラジウム

パラジウムは水素を吸収する能力が高い金属の元素。白金族★9の1つ。水素の精製や触媒★10コンバーターなどに使われている。

原子量：106.4　融点：1554.9℃　沸点：2963℃　密度：12.023 g/㎤

化学者に必要なのは、研究力と人間力でした。

1803年にパラジウム※とロジウムを発見したウラストンは、研究手腕だけでなく、人柄も高く評価されていたイギリスの化学者です。

セレンなどを発見したスウェーデンのベルセリウスは、ウラストンを尊敬していた化学者の1人。友人宛の手紙や自身の日記の中で、ウラストンをこのように絶賛しています。

「ウラストンほど知識の広さだけでなく、心の深さと正確さを兼ね備えた人は他にいないと確信する」

「ウラストンの会話は平易明瞭であり、ちょっとした動作にも興味をそそられる。比類なき公正な精神と中庸の見解を持っているので、彼と議論する者はだれであっても誤っているという評判が生まれた」

ちなみにウラストンは、ダイヤモンドを使ってガラスの表面にとても小さな字を書くことができ、それは顕微鏡でしか読めないほどの極小サイズだったそうです。

※パラジウムは1802年に発見された小惑星・パラスにちなんで名づけられた。

銀※(自然銀)

47 Silver

Ag 銀

銀は電気や熱を伝えやすい金属の元素。古くからアクセサリーや食器などに使われている。殺菌作用があるため、近年は抗菌剤や消臭剤などにも使われている。

原子量：107.9　融点：961.78℃　沸点：2162℃　密度：10.49 g/㎤

アルゼンチンの由来になった元素がある。

銀は自然では単独で存在することがほとんどありません。そのため金より後から利用されるようになったと考えられています。

紀元前14世紀頃のエジプトでは、金より銀のほうが高価だったそう。銀の価格が大きく下がったのは、16世紀以降、新大陸（南アメリカ）から大量の銀がヨーロッパに流れ込んできてからです。

ちなみに、アルゼンチン（Argentina）の由来はラテン語の「銀（argentum）」。南アメリカを南下する大河を探検していたヨーロッパ人が、インディオとの物々交換で銀を手に入れ、この川をスペイン語で「銀の川」を意味する「ラ・プラタ川」と名づけたことに由来します。

1816年にスペインから独立する際、「ラ・プラタ（銀）」という言葉は植民地のイメージがあるため、ラテン語に置き換えたようです。

ラ・プラタ川

※銀の元素記号・Agは、ギリシャ語の「輝く・明るい（argyros）」が由来とも言われている。

銀の山か。人喰い山か。

1545年に発見されたと言われるポトシ銀山（ボリビア）。「セロ・リコ（富の山）」と呼ばれるこの山には、「鹿を追っていた先住民のつかんだ枝が根こそぎ抜けて、その穴に銀を見つけた」「寒さをしのぐために火を起こした先住民が、たき火の下で液体となった銀が流れ出るのを見つけた」などの発見エピソードが残っています。

「ポトシ銀山は世界一」

スペイン人に征服されたこの山を、16世紀にアコスタ神父は『新大陸自然文化史』でこのように表現しています。事実、ポトシ銀山では「銀山からスペインまで銀の橋をかけられる」とうたわれるほど銀が採れ、スペイン帝国の遠征費を支え続けました。

しかしその裏で、採掘現場では事故や水銀中毒が多発。過酷な労働条件で働く先住民たちには、人喰い山として恐れられていたのです。

1987年、ポトシ市街は世界遺産に登録されています。

ポトシ銀山（ボリビア）

硫カドミウム鉱

48　Cadmium

Cd カドミウム

カドミウムは毒性の強い金属の元素。そのためニッケルと組み合わせたニカド電池の使用は減っている。モネやゴッホが愛したカドミウム・イエローは硫化カドミウムからつくられる。

原子量：112.4　融点：321.07℃　沸点：767℃　密度：8.65 g/㎤

薬局の査察から新元素が見つかるなんて。

カドミウムを発見したのは、ドイツの大学教授・シュトロマイヤーです。**ハノーバー公国の全薬局の監督長官でもあった彼は、1817年、査察したいくつかの薬局で、酸化亜鉛を含んでいるはずの薬に炭酸亜鉛が含まれていることに気づきます。そこで薬品製造所へ出向き、炭酸亜鉛を詳しく調べているうちにカドミウムを発見したのです。**

ちなみにカドミウムの由来は、元をたどると古代ギリシャの王・カドモス※だという説もあります。

※カドモスは古代ギリシャの都市国家・テーバイを建設した王。

49 Indium　　インジウム

In インジウム

インジウムはやわらかい金属の元素。酸化インジウムスズ（ITO）は透明で電気を通すため、液晶ディスプレイの透明電極などに使われる。

原子量：114.8　融点：156.60℃　沸点：2072℃　密度：7.31 g/㎤

「おかげさま」の心を忘れずに。

インジウムはドイツの鉱山学校教授・ライヒ※と、助手・リヒターが発見した元素です。1863年、ライヒは閃亜鉛鉱（せんあえんこう）（P98）から新元素を取り出し、リヒターにスペクトル線★5の測定を任せます。ライヒは色盲だったからです。リヒターがインディゴ色（藍色）の線を確認したことから、新元素は「インジウム」と名づけられました。**この発見をリヒターは自分だけの成果にしようとしたため、のちにライヒは「2人の業績として発表したのは間違いだった」と悔やんだそうです。**

※ライヒは、カドミウムを発見したシュトロマイヤーのもとで化学を学んだ。

50　Tin

Sn スズ

スズの原料となるほぼ唯一の鉱物・錫石（すずいし）

スズは低温に弱い金属の元素。銅との合金である青銅は紀元前3000年頃から使われていた。鉛との合金ははんだに使われる。鉄にスズをメッキしたものがブリキ。

原子量：118.7　融点：231.928℃　沸点：2602℃　密度：7.265 g/㎤（白色）

寒いのが苦手な元素です。

スズは昔から使われていた金属の元素ですが、低温に弱い特徴があります。13.2℃以下になると灰色になり、もろくなってしまうのです。これを病気にたとえて「スズペスト」と呼ぶこともあります。

ロシア遠征でナポレオン軍が敗走した際、「スズでできた軍服のボタンがスズペストによってボロボロになった」という逸話もあります。「軍服のボタンが壊れ、寒さによって敗退した」などとも言われていますが、どうやらこれらはつくり話のようです。

輝安鉱(きあんこう)

51　Antimony

Sb アンチモン

アンチモンは半導体に近い性質がある、毒性の強い半金属★3の元素。アンチモンの化合物はプラスチックやカーテンなどの難燃剤(なんねんざい)※の他、半導体の材料に使われる。

原子量：121.8　融点：630.63℃　沸点：1587℃　密度：6.697 g/㎤

塗ったり飲んだり……毒なのに。

アンチモンは、約5,000年前のメソポタミアの食器に使われていたことが分かっています。**また、紀元前1世紀頃の古代エジプトの女王・クレオパトラが使っていたアイシャドウは、アンチモンを含む鉱物・輝安鉱を粉末にしたものとも言われています。**

17世紀には、アンチモンの盃(さかずき)に1日入れておいたワインを飲み、汗をかいたり吐いたりして病を体の外に出すことが流行ったそうです。これはワインに溶けたアンチモンの毒を利用したものでした。

※難燃剤は燃えにくくするための薬剤。

52 Tellurium

Te テルル

ローマにある大地の女神・テルース（写真中央）の壁画（イタリア）

テルルは毒性の強い半金属★3の元素。陶磁器やガラスを赤や黄色に色付けする着色剤に使われる。アンチモンなどとの合金は、DVDなどの記録層に使われる。

原子量：127.6　融点：449.51℃　沸点：988℃　密度：6.24 g/㎤

人が一番輝くのは、没頭する時期かも。

1783年、オーストリアの化学者・ミュラーは、天然のアンチモンだと考えられていた鉱物を分析し、そこに未知の物質が含まれていると予測。50回以上も試験を重ね、3年もの間、研究に没頭します。

しかし新元素の確証を得られず、時は流れ12年後、彼は取り出した物質の試料をドイツの化学者・クラプロートに送ります。これが新元素だと認めたクラプロートは、1798年にラテン語の「地球（tellus）※」にちなんでテルルと命名。ミュラーが発見者であることを発表しました。

※頭文字が大文字の「Tellus」は、ローマ神話の大地の女神・テルース。

53 Iodine

I ヨウ素

熱するとスミレ色の
蒸気を発するヨウ素

ヨウ素は殺菌力や抗ウイルス作用があるため、うがい薬や消毒薬に使われる元素。体内では甲状腺ホルモンや成長ホルモンの分泌に関わる。

原子量：126.9　融点：113.7℃　沸点：184.3℃　密度：4.933 g/㎤

あきらめた理由は、お金でした。

1811年のある日、フランスの化学者・クールトアは驚いていました。海藻の灰を溶かした液体から、刺激臭とともにスミレ色の蒸気が上がったからです。どうやらこの時、彼は誤って液体に硫酸を加えすぎてしまっていたようです。**クールトアはその場に残った結晶★4を新元素と予測したものの、金銭的に研究を続ける余裕がなく、友人に分析の継続を依頼。のちに新元素はギリシャ語の「スミレ色の(ioeides)」にちなんでヨウ素(Iodine)と名づけられました。**

探査機・ドーン(イメージ)

54　Xenon

Xe キセノン

キセノンは他の元素と反応しにくい無色透明の気体の元素。放電すると青白い光を放つ。宇宙を調べる探査機などにキセノンのイオン★2エンジンが使われている。

原子量：131.3　融点：－111.75℃　沸点：－108.099℃　密度：0.005894 g/㎤(気体)

その元素が向かった先は、星でした。

2007年、キセノンのイオンエンジンを積んだ探査機が打ち上げられました。青白い光を放つドーンが最初に向かったのは、火星と木星の間にある小惑星・ベスタ。幻の元素・ベスチウム(P128)の由来となった星です。

2011年7月にベスタに到着したドーンは、2015年3月に準惑星・ケレスに到着。2018年11月頃に通信が途絶え、その探査ミッションを終えました。現在もドーンは、ケレスのまわりを回っています。

セシウム原子時計の一部

55　Caesium

Cs セシウム

セシウムは黄色がかったやわらかい金属の元素。水に激しく反応し、空気中の水蒸気にも反応して燃える。融点が低く、約28℃で液体になる。

原子量：132.9　融点：28.5℃　沸点：671℃　密度：1.93 g/㎤

昔の1秒と今の1秒は、基準が違う。

昔の1秒は、地球が1回転（自転）する時間を、8万6,400秒（24時間＝8万6,400秒）で割った長さでした。しかし、地球の自転の速さが一定でないことが分かり、1956年には地球が太陽のまわりを1回転（公転）する時間をもとに1秒が再定義されました。

そして1967年、現在の1秒の定義が決まります。セシウム原子の電子が91億9,263万1,770回振動する時間を1秒と定義したのです。セシウム原子時計※は、数千万年に1秒しか狂わないと考えられています。

※原子時計によく使われるのは同位体★1セシウム133。

重晶石(じゅうしょうせき)（バライト）

56　Barium

Ba バリウム

バリウムは毒性の強い、やわらかい金属の元素。緑色の花火に使われる。また、硫酸バリウムはX線検査（レントゲン検査）の造影剤に使われる。

原子量：137.3　融点：727℃　沸点：1845℃　密度：3.51 g/㎤

バリウム単体だと、実は毒でした。

元素のバリウムと、健康診断のバリウムには違いがあります。

バリウムは毒性の強い金属の元素です。一方、健康診断のX線検査で飲む「バリウム」は、重晶石という鉱物を粉末状にしたものが主成分。重晶石はバリウム、硫黄、酸素の化合物である硫酸バリウムでできています。**つまり、健康診断のバリウムは、バリウム単体ではなく、硫酸バリウムなのです。**

バリウム

バリウム単体が体に入ると、筋肉の麻痺などによって命が危険にさらされることもあります。**硫酸バリウムを飲んでも害がないとされるのは、硫酸バリウムが水や胃酸などに溶けず、体に吸収されずに排出されるからです。**

バリウムにはX線を通さない性質があるため、硫酸バリウムが付いた胃の粘膜は白く写り、胃の形などが分かりやすく見えるようになります。

合体する中性子星(イメージ)

57　Lanthanum

La ランタン

ランタンはやわらかく、すぐ酸化する金属の元素。ランタンとニッケルの合金は、水素をよく吸蔵するため、燃料電池自動車の水素の貯蔵タンクに使われる。

原子量：138.9　融点：920℃　沸点：3464℃　密度：6.162 g/㎤

新しいものは、ぶつからないと生まれない。

元素はいったい、どこで生まれるのでしょうか？

原子番号1番・水素や2番・ヘリウムの原子核は、ビッグバンの直後に生まれ、26番・鉄までは恒星（太陽など自ら輝く星）の内側でつくられることが分かっています。

さらに番号が上の元素（重い元素）がつくられる場所として注目されているのが中性子星です。中性子星は、質量（重さ）が太陽の8倍～25倍もある重い星が爆発した後に残る、密度の高い星。その密度は、角砂糖1つの大きさで数億トンとも考えられているそうです。

2022年、そんな中性子星同士が衝突・合体した際に、ランタンとセリウム（P149）が合成されていたことが確認されています。

ちなみにランタンは、セリウムの酸化物に含まれていたにも関わらず、長らく発見されなかった元素です。そのため、ギリシャ語の「気づかれない（lanthanein）」を由来に名づけられました。

ランタン

	1	2	3	4	5	6	7	8	9	10	11	12	13	14	15	16	17	18
1	1 H																	2 He
2	3 Li	4 Be											5 B	6 C	7 N	8 O	9 F	10 Ne
3	11 Na	12 Mg											13 Al	14 Si	15 P	16 S	17 Cl	18 Ar
4	19 K	20 Ca	21 Sc	22 Ti	23 V	24 Cr	25 Mn	26 Fe	27 Co	28 Ni	29 Cu	30 Zn	31 Ga	32 Ge	33 As	34 Se	35 Br	36 Kr
5	37 Rb	38 Sr	39 Y	40 Zr	41 Nb	42 Mo	43 Tc	44 Ru	45 Rh	46 Pd	47 Ag	48 Cd	49 In	50 Sn	51 Sb	52 Te	53 I	54 Xe
6	55 Cs	56 Ba		72 Hf	73 Ta	74 W	75 Re	76 Os	77 Ir	78 Pt	79 Au	80 Hg	81 Tl	82 Pb	83 Bi	84 Po	85 At	86 Rn
7	87 Fr	88 Ra		104 Rf	105 Db	106 Sg	107 Bh	108 Hs	109 Mt	110 Ds	111 Rg	112 Cn	113 Nh	114 Fl	115 Mc	116 Lv	117 Ts	118 Og

57 La	58 Ce	59 Pr	60 Nd	61 Pm	62 Sm	63 Eu	64 Gd	65 Tb	66 Dy	67 Ho	68 Er	69 Tm	70 Yb	71 Lu
89 Ac	90 Th	91 Pa	92 U	93 Np	94 Pu	95 Am	96 Cm	97 Bk	98 Cf	99 Es	100 Fm	101 Md	102 No	103 Lr

原子番号57番・ランタン（La）から71番・ルテチウム（Lu）までの元素は、周期表では1つの場所（3族の第6周期）にまとめられています。この15種類の元素を「ランタノイド」と言います。
「ランタノイド」という名前は、「ランタンのようなもの」という意味。どの元素もランタンにとても性質が似ています。そのため、間違った発見報告も多発しました。

ちなみに、ランタノイドの元素はすべてレアアース（P122）です。

セリウムを含む鉱物・
モナズ石（褐色の部分）

58　Cerium

Ce セリウム

セリウムはランタノイドの中で最も地殻★11に多い金属の元素。酸化セリウムはガラスの研磨剤に使われる。また紫外線を吸収するため、サングラスや窓などにも使われる。

原子量：140.1　融点：795℃　沸点：3443℃　密度：6.770 g/㎤

師匠は58番、弟子は57番でした。

1803年、スウェーデンの化学者・ベルセリウスとヒージンガー、そしてドイツの化学者・クラプロートが、セリウムの酸化物を別々に発見します。セリウム（Cerium）という名前は、1801年に発見された小惑星・ケレス（Ceres）※にちなんだものです。

それから36年後、1839年にベルセリウスの弟子であるモサンデルが、セリウムの酸化物からさらに新元素を発見。彼が発見した新元素は、師匠・ベルセリウスによって「ランタン」と名づけられました。

※ケレスは、現在は準惑星。

一番下のガラスにプラセオジムが含まれている

59 Praseodymium

Pr プラセオジム

プラセオジムは酸化すると黄色くなる金属の元素。酸化プラセオジムは溶接作業のゴーグルに使われる。酸化プラセオジムにジルコンを加えた化合物は黄色の顔料になる。

原子量：140.9　融点：935℃　沸点：3520℃　密度：6.77 g/㎤

孤立した時、味方になってくれた人を人は一生忘れない。

「ジジミウム」

かつてそう呼ばれ、1つの元素と考えられていたものは、実は複数の元素を含んでいました。

1839年にランタンを発見したスウェーデンの化学者・モサンデルは、ランタンが1つの元素でないことに気づきます。そして1841年、ランタンの中からさらに新元素を発見。ギリシャ語の「双子の(didymos)」にちなんで「ジジミウム(Didymium)」と名づけます。

ただ、ジジミウムも1つの元素ではありませんでした。**1885年、オーストリアの化学者・ウェルスバッハが、ジジミウムからプラセオジムとネオジムを取り出したことを発表したのです。しかし、多くの化学者に信じてもらえず、後年、彼はこのように回想しています。**

プラセオジム

「私の発見を最初に聞いたブンゼン先生※だけが、すぐにジジミウムの分離が成功したことを認めてくださった」

※ブンゼンはルビジウムを発見したドイツの化学者。ウェルスバッハはブンゼンの教え子。

ネオジム磁石

60 Neodymium

Nd ネオジム

ネオジムは強力な磁石になる金属の元素。ネオジム、鉄、ホウ素が主成分のネオジム磁石の強さは一般的な磁石の10倍以上。ハードディスクドライブなどに使われる。

原子量：144.2　融点：1024℃　沸点：3074℃　密度：7.01 g/㎤

人の能力はきっと、人との出会いで開花する。

1885年、オーストリアの化学者・ウェルスバッハは、ジジミウム（P151）から2つの新元素を取り出します。

その1つは、結晶★4が緑色だったことから、ギリシャ語の「緑色の（prasios）」とジジミウムをつなげて「プラセオジム」と命名。もう1つはギリシャ語の「新しい（neos）」とジジミウムをつなげて「ネオジム」と名づけました。

ネオジム

ウェルスバッハは学生時代、勤勉であるものの、社交的ではなかったそうです。鉱物好きの彼は、中でも北ヨーロッパのレアアース（P122）を含む鉱物に夢中となり、集めはじめます。

やがて師匠であるドイツの化学者・ブンゼンに自分のコレクションを披露すると、ブンゼンは笑いながら「それらの研究を始めなさい」と伝えたそう。師匠の言いつけ通り、ウェルスバッハは生涯をかけてレアアースの研究を続けました。

『火を運ぶプロメテウス』(ヤン・コシエール 1630年代)

61 Promethium

Pm プロメチウム

プロメチウムは地球上にほとんど存在しない金属の放射性元素。★7最も半減期★8が長い同位体★1プロメチウム145でも、半減期は17.7年。

原子量:(145) 融点:1042℃ 沸点:3000℃ 密度:7.26 g/㎤

科学が発展すればするほど、平和が遠のくなんて。

「プロメチウム」という名前は、核戦争の危険を暗示するものだったのかもしれません。

「周期表のネオジムとサマリウムの間に新元素がある」と予測されていた頃、いくつかの報告が世間をにぎわせます。

・イリノイ大学で発見されたイリニウム
・フィレンツェ大学で発見されたフロレンチウム
・サイクロトロン★12によって発見されたサイクロニウム

しかし、どれもはっきり証明されることはありませんでした。**やがて1945年頃、アメリカの3人の化学者が、ウランの核分裂★6で生まれたものの中から原子番号61番の新元素を取り出すことに成功。ギリシャ神話の巨人の神・プロメテウスにちなんで「プロメチウム」と名づけました。**

プロメテウスは人類に火を与え、ギリシャ神話の最高神・ゼウスから「毎日ワシについばまれる」という罰を与えられた神。**発見者たちは、核分裂によって金属の元素を生み出した栄誉を名前に込めるとともに、核戦争という罰が人類に与えられる危険を警告していたそうです。**

62　Samarium

サマルスキー石(せき)※

Sm サマリウム

サマリウムは酸化すると黄色くなるやわらかい金属の元素。サマリウムコバルト磁石は、ネオジム磁石より磁力が小さいものの、さびにくく熱に強いため、電子レンジなどに使われる。

原子量：150.4　融点：1072℃　沸点：1794℃　密度：7.52 g/㎤

お金が全てじゃないけれど、お金があればチャンスは広がる。

1879年、フランスの化学者・ボアボードランは、サマルスキー石という鉱物から新元素を発見。「サマリウム」と名づけました。

ボアボードランは貴族の子孫で、父や兄弟は酒造業を営んでいました。自分用の小さな実験室をつくる際には、親戚から費用を援助してもらったことも。その一族の家訓は「公正、親切、個人の責任の自覚」だったそうです。

※サマルスキー石には、わずかにサマリウムが含まれることがある。

光るユーロ紙幣

63 Europium

Eu ユウロピウム

ユウロピウムはすぐに酸化する金属の元素。ユーロ紙幣にはユウロピウムを含んだ蛍光インクが使われていて、紫外線を当てると光る。これは偽造防止のため。

原子量：152.0　融点：826℃　沸点：1529℃　密度：5.244 g/㎤

得意なことを、仕事にできる人は幸せだ。

1896年、フランスの化学者・ドマルセは、当時サマリウムだと信じられていた元素から、新元素のスペクトル線★5を発見。ヨーロッパ大陸にちなんで「ユウロピウム」と名づけました。※ **スペクトル線を見分けるのが得意だったドマルセは、キュリー夫妻が発見したラジウムのスペクトル線を見分けるのにも協力しています。**

ちなみに、ドマルセは窒素の硫化物★13の研究中、爆発事故で片目を失いましたが、回復すると再び危険な研究と向き合い続けました。

※なぜヨーロッパ大陸を由来にしたかは不明とされている。

64　Gadolinium　　ガドリニウム

Gd ガドリニウム

ガドリニウムは常温でも磁性の高い金属の元素。中性子を吸収しやすい。原子炉の中性子を吸収する材料や、MRI(核磁気共鳴画像法)を鮮明に撮影する造影剤に使われる。

原子量：157.3　融点：1312℃　沸点：3273℃　密度：7.90 g/㎤

「一番初めが一番偉い」と考える。

1880年、スイスの化学者・マリニャクは、サマルスキー石（せき）（P156）から新物質を発見。仮の名前として「Yα」と名づけます。1886年にフランスの化学者・ボアボードランが新元素を発見すると、それが「Yα」と同じものであったことが判明。**ボアボードランはマリニャクの同意を得て、「ガドリニウム」と名づけました。**

この名前は、一番初めにレアアース（イットリウム）を発見したフィンランドの化学者・ガドリンの功績を称えたものです。

硫酸テルビウムは緑色に発光する

65 Terbium

Tb テルビウム

テルビウムはナイフで切れるやわらかい金属の元素。磁化※の方向によって伸び縮みする性質を利用し、電動アシスト自転車のペダルを踏む力をはかるセンサーに使われている。

原子量：158.9　融点：1356℃　沸点：3123℃　密度：8.23 g/㎤

昔のテルビウムは、今のエルビウムです。

1843年、スウェーデンの化学者・モサンデルは、イットリア（P121）を詳しく分析し、テルビウム、エルビウム（P162）を取り出すことに成功します。

しかし、のちにエルビウムの存在が疑われるなど、混乱が生じた中でテルビウムとエルビウムの名前が入れ替わってしまうことに。最初に「テルビウム」と名づけられた元素は、現在のエルビウムとなりました。

※磁化とは、物質が磁石になること。

66　Dysprosium

ジスプロシウムが含まれていることがある鉱物・ゼノタイム

Dy ジスプロシウム

ジスプロシウムは光のエネルギーを蓄え、発光体に渡す性質を持つ金属の元素。非常口のサインなどに使われる。また、ネオジム磁石に加えると使用可能温度が上がる。

原子量：162.5　融点：1407℃　沸点：2567℃　密度：8.540 g/㎤

どんなに大変だったかを、アピールしたい時もある。

ジスプロシウムは、ギリシャ語の「近づきがたい（dysprositos）」が由来の元素です。

1886年、フランスの化学者・ボアボードランは、それまでホルミウムの酸化物だと思われていたものの中から、再結晶を何度も繰り返し、ホルミウムの他に新元素を発見します。**それを取り出すのに、多大な労力を費やしたことを、新元素の名前の由来にしたのです。**

ストックホルム(スウェーデン)

67 Holmium

Ho ホルミウム

ホルミウムは量が少なく高価な金属の元素。YAGのレーザー(P120)にホルミウムを加えると、患部を傷つけにくくなるため、眼科や泌尿器科での手術に使われる。

原子量：164.9　融点：1461℃　沸点：2700℃　密度：8.79 g/㎤

ストックホルムのホルミウムです。

1840年、スウェーデンの化学者・クレーベは、ストックホルムの商人の家に、13番目の子として生まれました。ウプサラ大学を卒業後、パリで学び、再びウプサラ大学に戻り、教授となった彼は、当時1つの元素とされていたエルビウムの原子量が一定でないことに注目。**そして1879年、エルビウムの中に新たに2つの元素があることを発見し、その1つを「ホルミウム」と名づけました。**※ **これは彼の故郷であるストックホルムのラテン語名「Holmia」にちなんだものです。**

※その前年に、別の2人の化学者もエルビウムの中にある新元素の存在を提唱していた。

68 Erbium

エルビウム

Er エルビウム

エルビウムはIT社会に欠かせない金属の元素。光ファイバーに加えると、長距離でも光の信号が弱まらずに届く。また、ピンク色の着色剤としてガラスに使われる。

原子量：167.3　融点：1529℃　沸点：2868℃　密度：9.066 g/㎤

純粋って、なかなか見つからない。

1843年、スウェーデンの化学者・モサンデルが、イットリア（P121）の中からエルビウムを発見します。

しかし、それは1つの純粋な元素ではありませんでした。エルビウムからは最終的に、イッテルビウム、ホルミウム、ツリウム、スカンジウム、ジスプロシウム、ルテチウムの6つが取り出されたのです。**純粋なエルビウムを取り出したのは、スウェーデンの化学者・クレーベ。それは発見から35年以上経った、1879年のことでした。**

69　Thulium　ツリウム

Tm ツリウム

ツリウムはレアアースの中でも特に地殻★11に少ない金属の元素。光ファイバーに加えると、エルビウムでは対応できない波長帯の光の信号を弱めることなく届けられる。

原子量：168.9　融点：1545℃　沸点：1950℃　密度：9.32 g/㎤

由来があいまいなほうが、イメージは広がる。

ツリウムが発見されたのは1879年のこと。スウェーデンの化学者・クレーベによって、当時1つの元素とされていたエルビウムの中から、ホルミウムとともに発見されました。

ツリウムの由来となった「Thule」は、スカンジナビア半島の旧名、スウェーデンの街の名前、極北の地（ultimate Thule）とも言われていますが、はっきりとは分かっていないようです。

イッテルビーの教会（スウェーデン）

70　Ytterbium

Yb イッテルビウム

イッテルビウムはやわらかくて酸化しやすい金属の元素。黄緑色の着色剤としてガラスに使われる。イッテルビウムを含む高出力のファイバーレーザーは金属加工などに使われる。

原子量：173.0　融点：824℃　沸点：1196℃　密度：6.90 g/㎤

村の名前が、元素になった。

1878年、スイスの化学者・マリニャクは、エルビウムの酸化物から別元素の酸化物を発見。**この発見のきっかけとなるガドリン石（せき）（P165）が見つかったスウェーデンの村・イッテルビーにちなんで、「イッテルビウム」と名づけました。**

しかし後年、イッテルビウムからさらにスカンジウム、ルテチウムが発見されることに。純粋なイッテルビウムが取り出されるのは、1907年になってからのことでした。

4つの元素の語源となった村がある。

スウェーデンの首都・ストックホルム近郊にある村・イッテルビー。ここは、原子番号39番・イットリウム、65番・テルビウム、68番・エルビウム、70番・イッテルビウムの名前の由来となった村です。

きっかけは1787年、スウェーデンの化学者・アレニウスがイッテルビーでガドリン石を発見したことでした。その後、1794年にフィンランドの化学者・ガドリンがガドリン石の中からイットリウムを含む酸化物・イットリアを発見。イットリウムの発見は、初のレアアース（P122）発見でした。つまり、イッテルビーからレアアース発見の幕が開けたのです。

ガドリン石

ちなみに、イッテルビー（Ytterby）はスウェーデン語の「外の（yttre）」と「村（by）」からなり、もともとは「外れの村」を意味します。

イッテルビー駅（1928年頃）

ルテチウム

71 Lutetium

Lu ルテチウム

ルテチウムはレアアースの中でも特に地殻★11の中に少なく、分離しづらい高価な金属の元素。化合物がPET(ポジトロン断層法)のγ(ガンマ)線★14の検出に使われる。

原子量：175.0　融点：1652℃　沸点：3402℃　密度：9.841 g/㎤

星座の名前か、自分の名前か。

ルテチウムは、「カシオピウム」という名前になった可能性もある元素です。

1907年、フランスの化学者・ユルバンは、イッテルビウムの酸化物から新元素を発見。パリで生まれ、パリ大学を卒業し、パリ大学の教授となった彼は、パリの古名「Lutetia」にちなんで「ルテチウム」と名づけます。※1

ほぼ同時期、オーストリアの化学者・ウェルスバッハも同じ新元素を発見。彼は「カシオピウム」と名づけました。これは「W」の形に見えるカシオペヤ座を由来にして、自分の名前（Welsbach）の頭文字を表したとも言われています。しかし、この名前は広く受け入れられることはありませんでした。※2

カシオペヤ座（長野県・宝剣岳（ほうけんだけ））

※1 同時期にアメリカの大学教授・ジェームズもこの新元素を発見したが、発表が遅れていた。
※2 ドイツでは1949年頃までカシオピウムの名前が使われていた。

コペンハーゲン(デンマーク)

72　Hafnium

Hf ハフニウム

ハフニウムは延ばしやすい金属の元素。酸化した膜が内側を守る。中性子をよく吸収するため、原子炉の核分裂★6の連鎖反応を抑える制御棒に使われる。

原子量：178.5　融点：2233℃　沸点：4603℃　密度：13.31 g/㎤

人生にはごくまれに、うれしいことが重なる時がある。

ハフニウムは、ジルコニウムに性質が非常によく似ていたため、なかなか見つからなかった元素です。

1907年に原子番号71番・ルテチウムを発見したフランスの化学者・ユルバンは、1911年に72番・セルチウムを発見したと発表。この元素もレアアース（P122）だと信じられていました。

しかし、デンマークの物理学者・ボーアは、72番はセルチウムではなく、40番・ジルコニウムに似た元素だと予測。[※1] **ボーア研究所にいたハンガリーの化学者・ヘベシーに調べるよう助言します。**

すると1922年、ヘベシーたちがジルコン[※2]（P123）という鉱物から本物の72番元素を発見。ボーア研究所のあるコペンハーゲンのラテン語名「Hafnia」にちなんで「ハフニウム」と名づけました。

ハフニウム

当時、ノーベル賞授賞式に出席するためストックホルム（スウェーデン）にいたボーアは、電報で発見の知らせを受け、受賞講演の最後にハフニウム発見を聴衆に報告したそうです。

※1 周期表でハフニウムとジルコニウムは同じ4族。ジルコニウムの下にハフニウムがある。
※2 ジルコンはジルコニウムが発見された鉱物。ハフニウムを含んでいることがある。

『タンタロスの苦悩』(バーナード・ピカール 1731年)

73　Tantalum

Ta タンタル

タンタルは硬いが延ばしやすい金属の元素。熱に強くさびにくい。人体に無害なため、人工骨や歯のインプラントにも使われる。

原子量：180.9　融点：3017℃　沸点：5458℃　密度：16.69 g/㎤

周期表では、娘の下にいます。

「タンタル」という名前の由来は、神々の怒りを買ったギリシャ神話の王・タンタロスです。

タンタロスは神聖な食べ物を人々に分け与えようとしたため、罰として首まで湖に沈められ、目の前に水や果物があるのに、それを口にすることができない地獄で永遠に過ごすことになりました。英語の「tantalize」が「じらす」を意味するのはそのためです。

1802年に新元素を発見したスウェーデンの化学者・エーケベリが、タンタロスにちなんで「タンタル」と命名したのも、発見するのに地獄のような苦しみを味わったからです。※

ちなみに、タンタロスには娘がいました。その名はニオベー。原子番号41番・ニオブは、ニオベーを由来にした元素です。つまり現在の周期表では、娘と父が上下に並んでいるのです。

	1	2	3	4	5	6	7	8	9	10	11	12	13	14	15	16	17	18
1	1 H																	2 He
2	3 Li	4 Be											5 B	6 C	7 N	8 O	9 F	10 Ne
3	11 Na	12 Mg											13 Al	14 Si	15 P	16 S	17 Cl	18 Ar
4	19 K	20 Ca	21 Sc	22 Ti	23 V	24 Cr	25 Mn	26 Fe	27 Co	28 Ni	29 Cu	30 Zn	31 Ga	32 Ge	33 As	34 Se	35 Br	36 Kr
5	37 Rb	38 Sr	39 Y	40 Zr	41 Nb	42 Mo	43 Tc	44 Ru	45 Rh	46 Pd	47 Ag	48 Cd	49 In	50 Sn	51 Sb	52 Te	53 I	54 Xe
6	55 Cs	56 Ba	57~71	72 Hf	73 Ta	74 W	75 Re	76 Os	77 Ir	78 Pt	79 Au	80 Hg	81 Tl	82 Pb	83 Bi	84 Po	85 At	86 Rn
7	87 Fr	88 Ra	89~103	104 Rf	105 Db	106 Sg	107 Bh	108 Hs	109 Mt	110 Ds	111 Rg	112 Cn	113 Nh	114 Fl	115 Mc	116 Lv	117 Ts	118 Og

※タンタルはニオブと性質が非常によく似ていて、取り出すことが難しかった。

灰重石(シェーライト)

74　Tungsten

W タングステン

タングステンは、重くて熱に強い金属の元素。金属の中で一番融点が高い。白熱電球のフィラメントに使われている。炭素との合金は切削工具などに使われる。

原子量：183.8　融点：3422℃　沸点：5555℃　密度：19.25 g/㎤

タングステンの元素記号は、なぜ「W」なのでしょう。

かつてスウェーデンには、「重い石（tungsten）」と呼ばれる鉱物がありました。

1781年、スウェーデンの化学者・シェーレは「重い石」の中に新元素の酸化物を発見。「タングステン酸」と名づけ、のちに新元素は「タングステン」と命名されます。また、発見のきっかけとなった「重い石」は、「シェーライト」と呼ばれるようになりました。

1783年、スペインの化学者・デ・エルヤル兄弟は「ウォルフラマイト」という鉱物から新元素を取り出すことに成功。「ウォルフラム（Wolfram）」と名づけます。

実はこのウォルフラムとタングステンは同じ元素。「タングステン」という元素名が定着していたフランスやイギリスなどでは、名前を「ウォルフラム」に変えることは難しく、元素記号だけウォルフラムの「W」が採用されることになりました。

ただ、ドイツなどでは現在もタングステンを「ウォルフラム」と呼んでいます。

「オオカミの汚れ」は、やがてきれいに輝いた。

ウォルフラマイト（Wolframite）は、1783年にスペインの化学者・デ・エルヤル兄弟がタングステン（ウォルフラム）を取り出した鉱物です。これはもともとドイツ語で「オオカミの汚れ（wolf ram）」を意味するそうです。

ドイツの鉱山では、ウォルフラマイトが混ざるとスズが採れにくくなるため、「オオカミがヒツジをむさぼり食うがごとくスズを侵す」という意味で名づけられたと言われています。

このように嫌われていたウォルフラマイトでしたが、タングステンを鉄に加えたタングステン鋼の需要が高まると立場が一転します。かつてスズを採っていた鉱山でも、タングステンを探すために掘り返されることになったのです。その結果、タングステン鋼は第一次世界大戦でも、ドイツ軍の銃などに使用され重宝されるようになりました。

ちなみに、タングステンでできたフィラメントが初めて電球に使われたのは、1904年のことです。

タングステンが使われる白熱電球

ウォルフラマイト（銀色部分）

ライン川(ドイツ)

75　Rhenium

Re レニウム

◆◆

レニウムは地殻★11での存在量が非常に少ない金属の元素。金属の中でタングステンの次に融点が高い。レニウムを含む合金はジェット機などのエンジンに使われる。

原子量：186.2　融点：3186℃　沸点：5596℃　密度：21.02 g/㎤

元素でつながる愛もある。

レニウムは、ロシアの化学者・メンデレーエフが「ドビマンガン」と呼び、その存在を予測していた元素です。「ドビ」はサンスクリット語で「2」を意味する言葉。ドビマンガンは「マンガン（Mn）の2つ下」のことでした。

	1	2	3	4	5	6	7	8	9	10	11	12	13	14	15	16	17	18
1	1 H																	2 He
2	3 Li	4 Be											5 B	6 C	7 N	8 O	9 F	10 Ne
3	11 Na	12 Mg											13 Al	14 Si	15 P	16 S	17 Cl	18 Ar
4	19 K	20 Ca	21 Sc	22 Ti	23 V	24 Cr	25 Mn	26 Fe	27 Co	28 Ni	29 Cu	30 Zn	31 Ga	32 Ge	33 As	34 Se	35 Br	36 Kr
5	37 Rb	38 Sr	39 Y	40 Zr	41 Nb	42 Mo	43 Tc	44 Ru	45 Rh	46 Pd	47 Ag	48 Cd	49 In	50 Sn	51 Sb	52 Te	53 I	54 Xe
6	55 Cs	56 Ba	57~71	72 Hf	73 Ta	74 W	75 Re	76 Os	77 Ir	78 Pt	79 Au	80 Hg	81 Tl	82 Pb	83 Bi	84 Po	85 At	86 Rn
7	87 Fr	88 Ra	89~103	104 Rf	105 Db	106 Sg	107 Bh	108 Hs	109 Mt	110 Ds	111 Rg	112 Cn	113 Nh	114 Fl	115 Mc	116 Lv	117 Ts	118 Og

周期表の縦の列は、基本的に性質が似ています。その情報をもとにドビマンガンを探し当てたのが、ドイツの化学者・ノダック、タッケ、ベルクです。**1925年、彼らはその新元素を、ドイツの大河・ライン川のラテン語名「Rhenus」にちなんで「レニウム」と名づけました。発見から1年後、ノダックとタッケは結婚。その後も共にレニウムについて研究を続けています。**

ちなみに、3人はメンデレーエフが「エカマンガン（マンガンの1つ下）」と呼んだ原子番号43番も発見したと報告しましたが、こちらは認められませんでした。※

※3人は43番を「マスリウム」と名づけた。現在の43番はテクネチウム。

100年以上前、新元素を発見した日本人がいる。

「ニッポニウム」

今から100年以上前に、そんな名前の元素が周期表に載っていたことがあります。これはロンドン大学に留学していた小川正孝（1865～1930年）が1908年に発見した元素です。

1865年、江戸に生まれた小川は帝国大学（現・東京大学）に入学し、化学を専攻。1904年からロンドン大学に留学し、イギリスの化学者・ラムゼーのもとで新元素発見の研究を始めます。

分析力に定評があった小川は、その年の暮れに新元素らしき物質を発見します。さらに帰国後も研究を続け、1908年に原子番号43番の新元素発見を報告。ラムゼーのすすめもあり、「ニッポニウム」と名づけられました。

しかし、ニッポニウムを他の研究者が確認することはできませんでした。当時の日本には元素を同定するためのX線分析装置がなく、正しく確かめることができなかったのです。

やがて1937年に発見されたテクネチウムが、本当の43番の元素であると判明。ニッポニウムは周期表から姿を消すことになりました。

のちに小川が発見したニッポニウムは、43番ではなく75番の元素であったことが日本のX線分析装置で確認されます。※ ニッポニウムは間違いなく新元素ではあったものの、周期表の位置が1つ下だったのです。

75番のレニウムが発見されたのは1925年のこと。小川はそれより17年も前に、75番の元素を見つけていたのです。

※その事実はのちに研究者が論文で報告した。

	1	2	3	4	5	6	7	8	9	10	11	12	13	14	15	16	17	18
1	1 H																	2 He
2	3 Li	4 Be											5 B	6 C	7 N	8 O	9 F	10 Ne
3	11 Na	12 Mg											13 Al	14 Si	15 P	16 S	17 Cl	18 Ar
4	19 K	20 Ca	21 Sc	22 Ti	23 V	24 Cr	25 Mn	26 Fe	27 Co	28 Ni	29 Cu	30 Zn	31 Ga	32 Ge	33 As	34 Se	35 Br	36 Kr
5	37 Rb	38 Sr	39 Y	40 Zr	41 Nb	42 Mo	43 Tc	44 Ru	45 Rh	46 Pd	47 Ag	48 Cd	49 In	50 Sn	51 Sb	52 Te	53 I	54 Xe
6	55 Cs	56 Ba	57~71	72 Hf	73 Ta	74 W	75 Re	76 Os	77 Ir	78 Pt	79 Au	80 Hg	81 Tl	82 Pb	83 Bi	84 Po	85 At	86 Rn
7	87 Fr	88 Ra	89~103	104 Rf	105 Db	106 Sg	107 Bh	108 Hs	109 Mt	110 Ds	111 Rg	112 Cn	113 Nh	114 Fl	115 Mc	116 Lv	117 Ts	118 Og

ニッポニウムは43番ではなく、75番だった。

原子番号75番・レニウム

オスミウム

76　Osmium

Os オスミウム

◆◆

オスミウムは硬くてとても重い金属の元素。白金族★9の1つ。粉末のオスミウムは一部が酸化して、毒性の強い四酸化オスミウム(気体)になる。

原子量：190.2　融点：3033℃　沸点：5012℃　密度：22.59 g/㎤

臭い元素を発見したのは、面倒臭がりな化学者でした。

オスミウムを発見したイギリスの化学者・テナントは、とても個性的な人物だったそうです。

1803年、彼は新元素を発見し、その酸化物が臭かったことから、ギリシャ語の「臭い（osme）」にちなんで「オスミウム」と名づけました。※1

テナントは面倒臭がりで、室内は汚く、いつも実験の器具が散らばっていたそう。また、ダイヤモンドが炭素だけでできていることを証明した時（P19）は、実験の途中で馬に乗って出かけ、結果は助手をしていたウラストンに任せたそうです。そのウラストンは、1803年にロジウムとパラジウムを発見しています。

スウェーデンの化学者・ベルセリウスは、テナントについてこう評価しています。

「彼は魅力ある男で、科学者の集まりや、その他のどんな集まりでもたくさんのひょうきんな思いつきを言って喜ばす。彼はむしろ善良な頼りになる化学者だが、ウラストンやデービー※2のような頭脳は持っていない」

※1 刺激臭を発するのは毒性の強い四酸化オスミウム。 ※2 デービーはマグネシウムやカリウムなどを発見したイギリスの化学者。王立研究所の所長を務め、ファラデーを実験助手として採用した。

二重の容器に囲われた国際
キログラム原器（レプリカ）

77 Iridium

Ir イリジウム

イリジウムは隕石の中に含まれていることが多い金属の元素。白金族★[9]の1つ。さびにくくて硬いがもろい。オスミウムとの合金は万年筆などに使われる。

原子量：192.2　融点：2446℃　沸点：4428℃　密度：22.56 g/㎤

1kgの基準だった元素がある。

昔は水1リットルの質量（重さ）を1kgと定めていました。どこにでもある水を使って、重さの基準を決めていたのです。

やがて1889年、「国際キログラム原器」が定められます。これは白金90%、イリジウム10%でできた高さと直径が約39mmの分銅のこと。イリジウムを加えたのは、やわらかい白金が硬くなり、摩耗しにくくなるからです。**1889年から2019年まで、この分銅の重さを1kgとすることが世界の重さの基準とされました。**※

この分銅は経年変化が少なく安定していたものの、採用から130年後、より誤差の少ない基準に改定されることに。2019年5月20日からは、人工物に頼らず、基礎物理定数の1つであるプランク定数をもとにした計算によって1kgが定められています。

ちなみに、イリジウムは1803年にイギリスの化学者・テナントがオスミウムとともに発見した元素です。その化合物の色が多彩であったことから、ギリシャ神話の虹の神・イリス（Iris）にちなんで名づけられました。

イリジウム

※国際キログラム原器は、フランスの国際度量衡局で保管されていた。

コラム 恐竜とイリジウム

恐竜の運命を変えた
元素かもしれない。

イリジウムは、地球の地殻★11にはほとんど存在せず、隕石に含まれていることが多い元素です。

約6,600万年前（白亜紀末）、直径10kmほどの隕石が地球に落下。これにより地球環境が激変し、恐竜絶滅のきっかけになったとも考えられています。

隕石が落ちたという根拠の1つが、約6,600万年前の地層からイリジウムが多く発見されていること。地球にほとんど存在しないイリジウムが多いということは、地球外から落ちてきたと考えられているのです。

隕石は現在のユカタン半島（メキシコ）に落ちたと考えられていて、「チチュルブ・クレーター」と呼ばれています。近年、チチュルブ・クレーターの内部からも、高濃度のイリジウムが検出されています。

約6,600万年前の隕石衝突のイメージ

白金

78 Platinum

Pt 白金

白金は「プラチナ」とも呼ばれる金属の元素。白金族★9の1つ。アクセサリーとして人気。イオン★2化傾向が小さいため、炎色反応(P61)の実験に使われる。

原子量：195.1　融点：1768.3℃　沸点：3825℃　密度：21.45 g/㎤

白金で儲けた。医者を辞めた。

「白金」という名前は、ヨーロッパで「white gold」と呼ばれていたことが由来です。また、プラチナ（Platinum）の由来は、スペイン語の「小さな銀（platina）」です。

白金の存在がヨーロッパに広く知られたのは1748年頃のこと。19歳で南アメリカに向けて出航したスペイン人・ウロアは帰国後、南アメリカの鉱山についてこのように記しています。

「金鉱山のいくつかは、白金が産出するという理由で放棄されている。（中略）この頑固な物体に閉じ込められている金属は、どんなに労力や費用をかけても取り出すことはできない」

金を探す人々にとって、硬くて融点の高い（溶けにくい）白金は邪魔物だったのかもしれません。**加工しにくい白金はヨーロッパでも使い道がありませんでしたが、イギリスの化学者・ウラストンが精製方法を発見。実験器具などに使われるようになりました。**

ちなみに、当時、開業医だったウラストンは1800年に医者を辞め、白金の精製で得た資金で化学に専念することに。彼がロジウムとパラジウムを発見したのは、それから3年後のことでした。

金（自然金）

79　Gold※

Au 金

金は黄金色に輝く金属の元素。さびにくくやわらかい。1gで約3,000mの細い線をつくることができる。電気を伝えやすく、携帯電話の集積回路などに使われる。

原子量：197.0　融点：1064.18℃　沸点：2856℃　密度：19.3 g/㎤

心を満たすものは時に心を乱すものになる。

金は紀元前から装飾品などに使われていた金属の元素。紀元前14世紀頃の古代エジプト王・ツタンカーメンが、約11kgもある黄金のマスクをかけて葬られていたのは有名です。1世紀頃の著述家・オウィディウスは『変身物語』の中で、こう記しています。

ある日、酒の神・ディオニュソスに付き添っていた半人半獣の精霊・シレーノスは、酔っ払っていたところを百姓たちにつかまってしまいます。百姓たちが連れてきたシレーノスを、フリュギア（現・トルコ）のミダス王はもてなし、ディオニュソスのもとへ返すことに。すると、ディオニュソスから「褒美として望みを1つ叶えよう」と言われます。「触るもの全てを金に変えたい」とミダス王が願うと、拾った石も、もぎった小枝も金になり、ミダス王は喜んで宮殿に戻りました。しかし、手にした食べ物や飲み物まで金に変わるため、何も口にできません。結局、もとに戻してもらうよう、再びディオニュソスに願うことになったのです。

金ははるか昔から、人間の心を時に満たし、時に乱すものだったのかもしれません。

※「Gold」の由来はインド・ヨーロッパ祖語の「輝く・黄色い（ghel）」。元素記号「Au」は、インド・ヨーロッパ祖語の「輝く（aus）」が由来。

水銀

80　Mercury

Hg 水銀

水銀は毒性の強い金属の元素。常温で液体となる金属の元素は水銀だけ。温度が上がると膨張する性質を利用して、体温計や温度計に使われていた。

原子量：200.6　融点：－38.8290℃　沸点：356.73℃　密度：13.534 g/㎤（液体）

水星も水銀も、同じ神様です。

水銀の英語名「Mercury」の由来は、ローマ神話の商業の神・メルクリウス（Mercurius）です。

メルクリウスは、天地をすばやく飛び回るギリシャ神話の伝令の神・ヘルメスと同一視されています。そのため、太陽のまわりを一番速く回る水星※も、英語名は「Mercury」と名づけられました。

メルクリウスの銅像

水銀は「クイックシルバー」とも呼ばれる金属の元素。固体の金属の元素とは違い、液体の状態ですばやく広がることもあれば、液体の玉が転がるように動くこともあります。**そんな変幻自在な姿とメルクリウスが結びつけられたようです。**ちなみに常温だと液体である水銀は、長らく金属とは思われていませんでした。

水銀の元素記号である「Hg」は、ギリシャ語の「水（hydor）」と「銀（argyros）」をつなげた「hydrargyros」に由来します。「水銀」という名前も、液体であり、銀色であることが由来です。

※水星の公転周期は約88日。惑星の中で最も太陽に近く、公転周期が短い。

オリーブの新芽

81　Thallium

Tl タリウム

タリウムはやわらかくて毒性の強い金属の元素。心筋細胞に入りやすい放射性同位体★15タリウム201は、微量を血液に注入して放射線を測定する心臓検査に使われる。

原子量：204.4　融点：304℃　沸点：1473℃　密度：11.85 g/㎤

緑が芽吹く季節、緑に輝く元素が見つかった。

1861年、イギリスの化学者・クルックス卿(きょう)※は、硫酸工場の煙突から回収した残留物を分析していました。その中にテルルがあると考えていたからです。

結局、テルルはなかったものの、スペクトル線★5が美しい緑色に光る新元素を発見。「タリウム」と名づけます。

そんなクルックス卿の偉業に待ったをかけたのが、フランスの化学者・ラミーです。彼は1862年、14gのタリウムを取り出すことに成功し、「クルックス卿が発見したのはタリウム単体ではなく、硫化物★13である」と主張しました。さらに、学会への発表はラミーが先であったため、一時は発見者がラミーとされることに。クルックス卿はそれに反論し、現在はクルックス卿が発見者で、タリウムを取り出したのがラミーとされています。

スペクトル線が緑色に光るタリウムは、ギリシャ語の「オリーブの若枝（thallos）」が由来の元素です。クルックス卿がタリウムを発見したのは、緑が芽吹く3月のことでした。

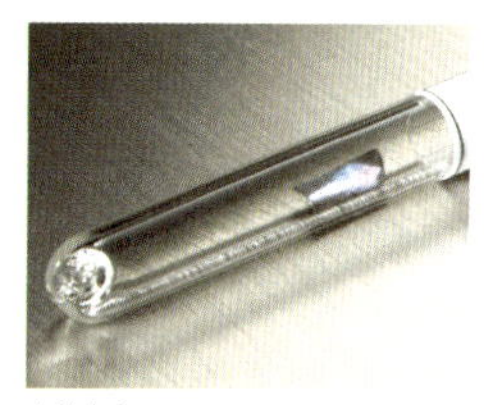
タリウム

※クルックス卿は雑誌『ケミカル・ニューズ』を創刊した編集者でもあった。

鉛を含む鉱物・方鉛鉱(ほうえんこう)

82 Lead

Pb 鉛

鉛は融点が低く、やわらかくて加工しやすい金属の元素。毒性がある。密度が高くX線やγ(ガンマ)線★14を吸収しやすいため、レントゲン撮影の防護エプロンに使われる。

原子量：207.2　融点：327.46℃　沸点：1749℃　密度：11.34 g/㎤

未来の人は、今の何を見て「おかしい」と笑うだろう。

現在、鉛は中毒を引き起こすことが分かっています。しかし、昔は鉛を肌に塗ったり、時には体に摂り入れていたようです。

紀元前の古代ギリシャや中国では、鉛は化粧品として使われていました。また、日本では鉛の白粉（おしろい）が江戸時代から広まり、明治時代でも愛用されていました。しかし、日常的に白粉を使っていた歌舞伎役者が上演中に震えが止まらなくなったことで、鉛の中毒性が知れ渡ることに。鉛の白粉の製造が禁止となったのは、今から約100年前、1930年代のことでした。

古代ローマでは、水道の配管などにも鉛が使われていました。それだけでなく、ワインなどに「鉛糖（えんとう）」と呼ばれる酢酸鉛（さくさんなまり）を甘味料として加えていたそうです。古代ローマの料理集『アピシウス』に載っている450レシピのうち、約20%に鉛糖が使われています。暴君として知られる古代ローマの皇帝・ネロは、鉛の入ったワインを飲みすぎて慢性的な鉛中毒となり、情緒不安定になったという説さえあります。

鉛の化粧品、鉛の甘味料……ある時代の日常は、後から見るとおかしく見えることもあるようです。

ビスマス

83　Bismuth

Bi ビスマス

ビスマスは酸化すると虹色に見える膜をつくる半金属★3の放射性元素。★7 鉛に性質が似ているため、毒性のある鉛に代わってはんだの原料などに使われる。

原子量：209.0　融点：271.5℃　沸点：1564℃　密度：9.78 g/㎤

「もう少しで銀になる」と信じられた元素がある。

ビスマス※1は鉛やスズと混同され、その3種は全て鉛だと考えられていたことがあります。※2

当時、鉱夫たちは、時間が経つにつれて黒い鉛（鉛）は白い鉛（スズ）に、白い鉛は灰色の鉛（ビスマス）に、灰色の鉛は銀に変化すると考えました。そのためビスマスを見つけると、

「あぁ早く掘りすぎた！」

と言って悔やんだそう。また、ビスマスの下で銀がよく見つかるため、ビスマスは「銀の屋根」と呼ばれました。

18世紀になっても鉛の一種と考えられていましたが、1753年にフランスの化学者・ジョフロアがビスマスを徹底的に研究し、鉛との違いをはっきりさせました。

ちなみに、ビスマスの表面は虹色ではありません。表面の細かい凸凹に光が当たると、光同士が強め合ったり弱め合ったりして、多彩な色を生み出し、虹色に見えるのです。これを「構造色」と言います。シャボン玉の虹色も構造色によるものです。

※1 ビスマスの語源は諸説あり、はっきりしていない。
※2 ビスマスはアンチモンなどと混同されることもあった。

マリーの生家を利用したマリー・キュリー博物館（ポーランド）

84　Polonium

Po ポロニウム

ポロニウムはウランの100億倍ほどの放射線量がある半金属★[3]の放射性元素。★[7]
α線★[16]を放出するため、そのエネルギーが人工衛星の原子力電池に使われる。

原子量：(210)　融点：254℃　沸点：962℃　密度：9.196 g/㎤（α）

祖国への強い思いが込められた元素です。

ポロニウムを発見したマリー・キュリーは、1867年にポーランドの首都・ワルシャワで5人きょうだいの末っ子として生まれました。

幼い頃から優秀なマリーでしたが、当時、ロシアに支配されていたワルシャワの学校では、ポーランド語が禁止され、ロシア語で学ぶことを強制されていました。※

女学校をトップの成績で卒業後、1年の休暇を経て家庭教師として働いたマリーは、当時のポーランドに女性が入れる大学がなかったため、祖国への強い思いを抱きながらもパリの大学に入学。30歳の頃からウランの研究を始めます。

研究を進める中で、ウランを含む鉱物・ピッチブレンド（P204）に想定外の放射能があることに気づいたマリーは、この鉱物にウラン以外の強い放射性の新元素があると予測。**1898年、夫・ピエールとともにポロニウムを発見しました。**

ポロニウムの由来は、ポーランドのラテン語名「Polonia」。マリーは祖国独立の思いを、新元素に込めたのです。

※学校には秘密の時間割があり、ロシアの役人の目を盗んでポーランドの歴史などを教えていたらしい。

燐灰ウラン石※

85 Astatine

At アスタチン

アスタチンは地殻★11に存在する元素の中で最も量が少ない放射性元素。★7 細胞殺傷性の高いα線★16を放つため、がん治療に役立てる研究が進められている。

原子量：(210)　融点：—　沸点：—　密度：—

時代も元素も、不安定でした。

1940年、アメリカの物理学者3人が、原子番号83番・ビスマスにα線を当てることで、85番の新元素を発見します。**しかし、第二次世界大戦中であったため研究は中断。戦後に研究を再開し、1947年に新元素をギリシャ語の「不安定な（astatos）」にちなんで「アスタチン」と名づけました。**アスタチンは安定した同位体★1がなく、全て放射性同位体。★15 最も半減期★8が長い同位体アスタチン210でも、半減期は約8.1時間しかありません。

※燐灰ウラン石はわずかにアスタチンを含んでいることがある。

ラドンを含む温泉として知られる
玉川温泉(秋田県)

86 Radon

Rn ラドン

ラドンは地下水などに溶け込んでいることがある気体の放射性元素。★7 ラドンを含む温泉の効果は、科学的には分かっていないことが多い。

原子量:(222)　融点:－71℃　沸点:－61.7℃　密度:0.00973 g/cm³(気体)

「気づく」と「分かる」は少し違う。

放射性元素・ラジウムを発見したキュリー夫妻は、ラジウムの化合物に触れた空気が放射性になると気づいていました。のちにそれが新元素だと分かった化学者たちは、「ニトン」と呼ぶようになります。やがて1910年にイギリスの化学者・ラムゼーがニトンを取り出し、ラジウムから生まれる気体の元素ということで「ラドン」と命名。ラドンは同位体★1ごとに「トロン」「アクチノン」などと呼ばれていましたが、1923年の国際会議で「ラドン」に統一されました。

パリのエッフェル塔（フランス）

87　Francium

Fr フランシウム

フランシウムは金属の放射性元素。★7 最も半減期★8が長い同位体★1フランシウム223でも半減期は21.8分。すぐに減るため性質はよく分かっていない。

原子量：(223)　融点：—　沸点：—　密度：—

成功した時、ふと
故郷を思い出すのはなぜだろう。

フランシウムは、ロシアの化学者・メンデレーエフが存在を予測していた元素です。しかし、予測されてから約70年も発見されず、その間に何度も間違った発見が報告されました。

1925年に「ロシウム」、1926年に「アルカリニウム」、1930年に「ヴァージニウム」、1936年に「モルダヴィウム」と名づけられたものは、どれも認められませんでした。

1939年、パリにあるキュリー研究所で働くフランスの化学者・ペレーは、原子番号89番・アクチニウムの一部がα崩壊★17していることに気づきます。α崩壊すると原子番号が2つ減るため、これこそが87番の新元素だったのです。※1

ちなみに、ペレーは大学に入学せず、ポーランド出身の化学者・マリー・キュリーの助手となった女性研究者です。**マリーが84番の新元素を発見し、祖国の独立を願い「ポロニウム」と名づけたのは30歳の頃。そんな恩師の跡をたどるかのように、ペレーが祖国への想いを込め、87番の新元素を「フランシウム」と名づけたのも30歳のことでした。**※2

※1 フランシウムは半減期が短いことなどもあり、発見しにくかった。
※2 ペレーはマリーと同じく放射線障害によって65歳で亡くなった。

ピッチブレンド

88 Radium

Ra ラジウム

ラジウムは「ピッチブレンド」という鉱物から発見された金属の放射性元素。★7 放射線治療や夜光塗料に用いられたが、現在は使われていない。

原子量：(226)　融点：700℃　沸点：1737℃　密度：5.5 g/㎤

命を削らず、夢は叶うか。

ラジウムはキュリー夫妻がポロニウムとともに発見した元素です。その発見には、命を削る努力がありました。

「『ピッチブレンド』という鉱物に新しい放射性元素がある」

妻・マリーの話を聞いた夫・ピエールは、その研究に興味を持ち、自分の研究を中断してマリーといっしょに新元素を探すようになります。そして1898年、ポロニウムを発見してから間もなく、より強い放射線を出す新元素を発見。ラテン語の「光線（radius）」にちなんで「ラジウム」と名づけました。

その後、2人はラジウムを取り出す研究に没頭。約10トンものピッチブレンドから、最終的に0.1gのラジウムの化合物※1**を取り出すことに成功します。それは発見から4年が経った1902年のことでした。その間、マリーの体重は約10kgも減ったそうです。**

1903年、功績が認められたキュリー夫妻はノーベル物理学賞を受賞します。**しかし、体調の優れない2人はスウェーデンでの授賞式を欠席しました。ラジウムは強い放射性元素。発見の代償として、キュリー夫妻の体は放射能にむしばまれていたのです。**※2

※1 化合物は塩化ラジウム。
※2 当時、ラジウムの危険性は詳しく知られていなかった。

運命の人は、確かにいた。

ポーランド出身の化学者・マリー・キュリー（1867～1934年）と、フランスの物理学者・ピエール・キュリー（1859～1906年）は1895年に結婚し、1898年にポロニウムとラジウムを発見しました。

学校に行かなかった夫・ピエール

1859年にパリで生まれたピエールは、子どもの頃は親の教育方針で学校に行かず、家庭教師から学んでいたそうです。18歳で大学を卒業し、物理学の研究を続けていた彼は、大学の研究室長だった35歳の時、人生のパートナーと出会います。

手紙で猛アピール

1894年の春、パリの大学に通っていたマリーは、ポーランド出身の物理学者の家でピエールに出会います。この時、マリーは26歳、ピエールは35歳。2人はすぐに惹かれ合いましたが、マリーは試験に合格すると父のいるポーランドへ帰ることに。しかし、ピエールは何度も手紙を書いてパリに戻るようマリーを説得。ピエールはマリーに対して、こんな手紙を送っています。

「あなたの祖国に対する夢、人類に対する2人の夢、そして科学に対する2人の夢、こうした2人の夢に陶酔した人生をともに過ごすことは、信じられないほど美しいことでしょう」

新婚旅行はサイクリング

1895年、2人は結婚し、パリで暮らしはじめます。新婚旅行はなんとサイクリング。親戚にプレゼントしてもらった自転車で自然を巡ったのです。それからも2人は、週末になるとサイクリングでリフレッシュしていました。

新居の前で自転車に乗る2人

研究室は馬小屋の隣

「それは馬小屋とじゃがいも倉庫の間にあって、もしそこに実験器具を備えた実験台がなかったら、私はそれを冗談だと思っただろう」

これはキュリー夫妻の実験室を見てショックを受けた化学者の言葉です。キュリー夫妻は、物理学校で使われていなかった物置のような場所を研究室として借りていました。ここで2人は約4年もの間、10トンものピッチブレンドを扱う力仕事をしながら研究を続け、1902年、ラジウムの化合物を取り出すことに成功したのです。※このつらい環境で過ごした時期について、マリーは「1日の終わりに疲れ果て、倒れそうになった」と記しつつ、一方で「最も幸福な時期だった」と考えていたそうです。

化学者に驚かれた2人の研究室

光るマリーの服

長年ラジウムを研究したマリーは、結果的に放射線を浴び続けてしまいます。そして1934年、66歳の頃に白血病で亡くなりました。当時、マリーの服は放射線によって、ラジウムと同じく光ったと言われています。また、現存するマリーの実験ノートは、現在も放射線に汚染されているそうです。

ちなみに、「放射線」「放射能」という言葉をつくったのもキュリー夫妻です。

マリーが使ったとされる鉱物など

夫婦ともにパリ郊外の墓地へ

亡くなってから2日後の1934年7月6日、マリーはパリ郊外にあるピエールの墓の隣に葬られます（ピエールは1906年に、馬車にひかれて亡くなっていました）。ワルシャワからやってきたマリーの姉と兄は、棺にそっと土をふりかけました。それはマリーが愛した祖国・ポーランドの土でした。

キュリー夫妻のもとで働いた化学者は、2人についてこのような言葉を残しています。

「これまでも非常に優れた共同研究を行ったカップルはいたし、現在もいる。しかし、2人とも生まれながら偉大な科学者であるカップルはこれまでいなかった。科学研究と同様に人生においても、夫と妻とが互いに尊敬し合い、献身しながらも、それぞれの個性を完全に保ったこれほど際立った例を他には見出すことはできないであろう」

作業する2人（イメージ）

※この年の春、ロシアの化学者・メンデレーエフがキュリー夫妻のもとを訪れている。

アクチノイド

	1	2	3	4	5	6	7	8	9	10	11	12	13	14	15	16	17	18
1	1 H																	2 He
2	3 Li	4 Be											5 B	6 C	7 N	8 O	9 F	10 Ne
3	11 Na	12 Mg											13 Al	14 Si	15 P	16 S	17 Cl	18 Ar
4	19 K	20 Ca	21 Sc	22 Ti	23 V	24 Cr	25 Mn	26 Fe	27 Co	28 Ni	29 Cu	30 Zn	31 Ga	32 Ge	33 As	34 Se	35 Br	36 Kr
5	37 Rb	38 Sr	39 Y	40 Zr	41 Nb	42 Mo	43 Tc	44 Ru	45 Rh	46 Pd	47 Ag	48 Cd	49 In	50 Sn	51 Sb	52 Te	53 I	54 Xe
6	55 Cs	56 Ba		72 Hf	73 Ta	74 W	75 Re	76 Os	77 Ir	78 Pt	79 Au	80 Hg	81 Tl	82 Pb	83 Bi	84 Po	85 At	86 Rn
7	87 Fr	88 Ra		104 Rf	105 Db	106 Sg	107 Bh	108 Hs	109 Mt	110 Ds	111 Rg	112 Cn	113 Nh	114 Fl	115 Mc	116 Lv	117 Ts	118 Og
				57 La	58 Ce	59 Pr	60 Nd	61 Pm	62 Sm	63 Eu	64 Gd	65 Tb	66 Dy	67 Ho	68 Er	69 Tm	70 Yb	71 Lu
				89 Ac	90 Th	91 Pa	92 U	93 Np	94 Pu	95 Am	96 Cm	97 Bk	98 Cf	99 Es	100 Fm	101 Md	102 No	103 Lr

原子番号89番・アクチニウム（Ac）から103番・ローレンシウム（Lr）までの元素は、周期表では1つの場所（3族の第7周期）にまとめられています。この15種類の元素を「アクチノイド」と言います。「アクチノイド」という名前は、「アクチニウムのようなもの」という意味。アメリカの化学者・シーボーグが提案しました。

彼はアクチノイドを定着させるために、95番はアメリシウム（アメリカが由来）、96番はキュリウム（キュリー夫妻が由来）と名づけました。ランタノイドの63番・ユウロピウム（ヨーロッパが由来）、64番・ガドリニウム（ガドリンが由来）と、上下でペアにしたそうです。

89　Actinium

ピッチブレンド

Ac アクチニウム

アクチニウムは暗い場所で青白く光る金属の放射性元素。★[7]ギリシャ語の「光線(actis)」が由来。ピッチブレンドなどの鉱物に、わずかに含まれていることがある。

原子量：(227)　融点：—　沸点：—　密度：—

元素の世界も、人間関係が大切でした。

アクチニウムは、フランスの化学者・ドビエルヌが1899年に発見した元素です。ピッチブレンド1トンの中に、アクチニウムは0.0002gほどしかないため、取り出すのは大変だったそうです。

ドビエルヌがピッチブレンドからアクチニウムを発見したのは、キュリー夫妻がピッチブレンドからポロニウムとラジウムを発見した翌年のこと。**彼らは普段から親しい間柄で、ドビエルヌはキュリー夫妻から新元素を探すことを託されたと言われています。**

『トールと巨人の戦い』の一部（モルテン・エスキル・ヴィンゲ 1872年）

90 Thorium

Th トリウム

トリウムはトール石などの鉱物に含まれる金属の放射性元素。★7 地球上で見つかるトリウムはほとんどが同位体★1トリウム232で、半減期★8は約140億年。

原子量：232.0　融点：1750℃　沸点：4788℃　密度：11.724 g/㎤

名前の由来は、雷神です。

1815年、スウェーデンの化学者・ベルセリウスは、ある鉱物から新元素を発見したと報告。**北欧神話の雷神・トール（Thor）にちなんで「トリウム」と名づけます。**しかし10年後、それがリン酸イットリウムであったと気づき、発見を撤回。**1829年頃、今度こそ新元素を発見し、前回と同じく「トリウム」と名づけるとともに、鉱物は「トール石」と命名しました。**※

トール石

※鉱物の発見者は「ベルセライト」を提案したが、ベルセリウスは「トール石」が短くてよいと言った。

91　Protactinium　　わずかにプロトアクチニウムを含んでいることがある燐灰(りんかい)ウラン石(せき)

Pa プロトアクチニウム

プロトアクチニウムは金属の放射性元素。★7 半減期★8が約3万2,800年の同位体★1プロトアクチニウム231は、海底の堆積物の年代測定に使われることがある。

原子量：231.0　融点：—　沸点：—　密度：—

戦争がなければ、名前が違ったはず。

1913年、ポーランド出身の化学者・ファヤンとドイツの化学者・ゲーリングは新元素を発見し、ラテン語の「つかの間の（brevis）」にちなんで「ブレビウム」と呼びました。しかし、1914年に第一次世界大戦が始まり研究は中止。1918年に別の化学者たちが新元素を発見し、「アクチニウムに先立つ」という意味で「プロトアクチニウム」と名づけました。※ **のちにブレビウムは同位体プロトアクチニウム234mと判明。その半減期は1分ほどで、確かにつかの間の元素だったのです。**

※1918年に発見された同位体プロトアクチニウム231は、α崩壊★17してアクチニウムになる。

ウランガラス

92　Uranium

U ウラン

ウランは原子力発電所の燃料などに使われる金属の放射性元素。★7 核分裂★6反応が連鎖すると大きなエネルギーが得られる。

原子量：238.0　融点：1132.2℃　沸点：4131℃　密度：19.1 g/㎤

奪っていいのは、人の心だけなのに。

ウランは最初に発見された放射性元素です。※

1789年、ドイツの化学者・クラプロートはピッチブレンド（P204）を分析して新元素を発見。1781年に発見されていた惑星・天王星（Uranus）にちなんで「ウラン」と名づけました。

天王星

その後、1830年代にはガラスにウランをわずかに混ぜた「ウランガラス」がボヘミア（現・チェコ西部）で誕生します。**紫外線を当てると美しく緑に光るウランガラスに、ヨーロッパの人々は心を奪われ、花瓶や食器として愛されました。**

19世紀半ばにはアメリカにも伝わり、日本でも昭和初期にはかき氷のグラスなどに使われて人気を博しましたが、第二次世界大戦の頃になると世界各国でウランが規制され、軍事目的以外には使えなくなることに。

1945年8月6日、広島に投下された原子爆弾・リトルボーイは、ウランでできた爆弾でした。

※放射性元素だと分かったのは1896年。

海王星

93 Neptunium

Np ネプツニウム

ネプツニウムは、ウランに中性子を当てて発生したものの中から発見された金属の放射性元素。★7 ネプツニウム以降の元素は「超ウラン元素」と呼ばれる。

原子量：(237)　融点：—　沸点：—　密度：—

褒められると思ったら、怒られました。

ネプツニウムの由来は海王星（Neptune）です。天王星が由来である原子番号92番・ウランの次の元素であるため、天王星の先にある惑星・海王星にちなんで名前がつけられました。

1940年5月、アメリカの化学者・マクミランは、休暇でやってきた物理学者・アベルソンにある分析を依頼します。ウランと性質の違う何かを発見していたマクミランは、他の研究者の意見が欲しかったのです。**するとアベルソンは数日でそれが原子番号93番の新元素であることを発見。2人は喜んで発表します。**

しかし当時は第二次世界大戦の真っ最中。思ったような反響はありません。それどころか、イギリスからはこんな抗議文すら届いてしまいます。

「ナチスが利用したがるような技術の発言は慎んでほしい」

休暇を終えたアベルソンが帰った後もマクミランは研究を続けたものの、やがて彼は軍事技術開発に駆り出されることに。続けていた研究は、近くに住んでいた化学者・シーボーグに引き継がれることとなったのです。

トリニティ実験が行われたニューメキシコ州のトリニティ・サイト※1(アメリカ)

94 Plutonium

Pu プルトニウム

◆◆◆

プルトニウムは、惑星・冥王星(めいおうせい) (Pluto)※2が由来の金属の放射性元素。★7 1945年8月9日、長崎に投下された原子爆弾・ファットマンはプルトニウムの爆弾。

原子量：(239)　融点：639.4℃　沸点：3228℃　密度：19.816 g/㎤

一度進みはじめたら、もう止まれませんでした。

アメリカの化学者・マクミランたちがネプツニウムを発見した後、その研究を引き継いだのが化学者・シーボーグです。

シーボーグは仲間たちとともにマクミランの指示書通りに実験を続け、1941年2月にプルトニウムを発見します。しかし、研究は機密事項であったため、原子番号93番・ネプツニウムは銀（Silver）、94番・プルトニウムは銅（Copper）と呼ばれ、第二次世界大戦が終わるまで公表されませんでした。

トリニティ実験

そして1945年7月16日、人類史上初の核実験「トリニティ実験」が実施されます。プルトニウムの爆弾を使用したこの実験では、深さ約3m、直径約330mの穴が空くことに。住民たちには「火薬庫の爆発事故」と説明されました。※3 **爆発直後、実験担当者の1人はこう漏らしたそうです。**

「これで俺たち全員、ろくでなしになっちまった」

プルトニウムの原子爆弾が長崎に投下されたのは、それから約1ヵ月後のことでした。

※1 爆心地の穴は砂嵐などによってふさがれた。 ※2 冥王星は、現在は準惑星。
※3 爆心地から約190km離れた家の窓も揺れたそう。

アメリシウムを使った煙探知器

95 Americium

Am アメリシウム

アメリシウムは、アメリカなどで煙探知器に使われる金属の放射性元素。★[7] 原子炉でプルトニウムのβ崩壊★[18]によって発生するため、比較的安い。

原子量：(243)　融点：—　沸点：—　密度：—

覚えやすいと、広まりやすい。

「もしかすると、根本が間違っていたのかもしれない」

原子番号95番の元素がなかなか見つからない1944年の夏、アメリカの化学者・シーボーグの頭に、ある考えが浮かびました。当時「アクチノイド（P208）」という考え方はまだなく、周期表では89番・アクチニウム以降も規則的に並べられていました。しかしシーボーグは、それは間違いであり、ランタノイド（P148）のような元素群がもう1つある、と考えたのです。シーボーグたちはその考えに基づき、94番・プルトニウムにα線★16を当てて96番の新元素を発見。さらに秋にはプルトニウムに中性子を当てて95番の新元素も発見します。

シーボーグは95番をアメリカにちなんで「アメリシウム」、96番をキュリー夫妻にちなんで「キュリウム」と名づけました。周期表で95番の1つ上はヨーロッパが由来の63番・ユウロピウム、96番の1つ上は化学者・ガドリンが由来のガドリニウム。シーボーグは元素名を地名と人名で上下ペアにして、自分が新しく考えた元素群・アクチノイドを定着させせようとしたようです。

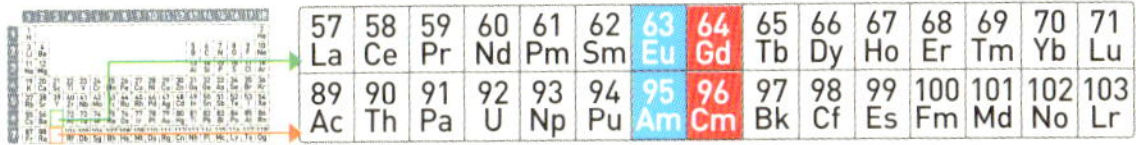

火星探査車・キュリオシティ※

96 Curium

Cm キュリウム

キュリウムは化学者・キュリー夫妻が由来となった金属の放射性元素。★7火星探査車・キュリオシティが、火星の元素を検知する際に使われている。

原子量：(247)　融点：—　沸点：—　密度：—

子供の好奇心に、うそをつけるか。

1944年にアメリカの化学者・シーボーグたちが発見したアメリシウムとキュリウムは、第二次世界大戦が終わるまで公表されませんでした。極秘に研究されたプルトニウムを使って発見されたからです。

最初に発表されたのは、1945年11月11日に放送された人気ラジオ番組『クイズ・キッズ』。番組に出演したシーボーグが、「新しい元素が見つかったか？」と子供に質問され、正直に答えたのです。それは公表予定日の数日前のことでした。

※キュリオシティの由来は、英語の「好奇心(curiosity)」。

97　Berkelium　　カリフォルニア大学・バークレー校（アメリカ）

Bk バークリウム

バークリウムは、アメリカのカリフォルニア大学・バークレー校のチームが発見した金属の放射性元素。★7 発見地である「バークレー」にちなんで名づけられた。※

原子量：(247)　融点：―　沸点：―　密度：―

心臓が止まるほどの喜びでした。

1949年、アメリカの化学者・トンプソン、ギオルソ、シーボーグは、0.007gの95番・アメリシウムにα線★16を当てて97番の新元素の合成に成功します。シーボーグは興奮のあまり心臓発作を起こし、数日入院することに。のちに彼は、新元素を「バークリウム」と名づけ、元素記号を「Bk」と決めました。ただ、トンプソンとギオルソは最後まで大変な作業であったことから、元素記号を「Berkelium」の最初と最後をとって「Bm」にしたいと考えていたそうです。

※周期表の1つ上にある65番・テルビウム（イッテルビー村が由来）に合わせ、バークリウムも地名が由来。

主に同位体★1カリホルニウム252をつくる原子炉

98　Californium

Cf カリホルニウム※

カリホルニウムは、アメリカのカリフォルニア大学・バークレー校のチームが発見した金属の放射性元素。★7 原子番号96番・キュリウムにα線★16を当てて合成した。

原子量：(252)　融点：—　沸点：—　密度：—

皮肉を言われるのも、新ジャンルを切り拓いた印。

1950年、アメリカの化学者・シーボーグたちは96番・キュリウムにα線を当てて約5,000もの98番の新元素を合成します。この時に使われたキュリウムは、わずか0.000008gでした。

98番の元素名・カリホルニウムは、95番〜97番のようにランタノイド（P148）と上下でペアではありません、周期表でカリホルニウムの1つ上にある66番・ジスプロシウム（「近づきがたい（dysprositos）」が由来）に、名前を対応させるのは難しかったからです。

カリホルニウムの発見から1年後、シーボーグはノーベル化学賞を受賞。世界各地からお祝いの言葉が届きます。ただ、中には批判の言葉もありました。

自然界にある鉱物などから元素を発見するのではなく、自ら新しい元素を合成するシーボーグに対して、イギリスのある物理学者はこんな皮肉を漏らしたそうです。

「新元素を発見できないのなら、つくるしかないというわけですな」

※カリフォルニウムではなくカリホルニウム。

ベルンにあるアインシュタインハウス※1(スイス)

99 Einsteinium

Es アインスタイニウム

アインスタイニウムは、水素爆弾※2実験の降下物から発見された金属の放射性元素。★7 実験結果は軍事機密であったため、すぐには公表されなかった。

原子量:(252)　融点:—　沸点:—　密度:—

アインシュタインはどう思ったか。

「名案がひらめいた上官ほど危険なものはない」

アメリカ軍には、こんな格言があったそうです。1948年、核実験を空から見守る飛行機を操縦していたある中佐が、あろうことか爆発によるキノコ雲の中を突っ切ります。無傷で戻った彼は、「今度の実験では飛行士がキノコ雲の中を突っ切って、降下物を採取し、科学に役立てよう」と言い出したのです。

1952年11月1日、エルゲラブ島（マーシャル諸島）付近で人類初の水素爆弾実験が行われます。島を跡形もなく消し去った爆発後、被爆防止用の鉛入りチョッキを身につけた飛行士たちが、キノコ雲に次々と突入。しかし、進路を見失った飛行機が燃料切れで海に墜落し、飛行士1人が命を落としてしまったのです。

1952年の水素爆弾実験

一方、無事に戻った飛行機の翼につけられた降下物採取用フィルターは、すぐにアメリカの研究所に運ばれます。見つかる元素の半減期★8が短いと、すぐに消えてしまうからです。**やがて降下物から原子番号99番の新元素が発見され、アインシュタインの功績を称え、「アインスタイニウム」と名づけられました。**

アインシュタインは、核廃絶を唱え続けた物理学者でした。

※1 アインシュタインハウスには、20代のアインシュタインが住んだアパートの部屋（2F）が残る。
※2 水素爆弾も原子爆弾も、核爆弾。

天から平等に与えられるのは、「心の傷」だけだと思う。

アインシュタインの有名な方程式

$E=mc^2$

（エネルギー＝質量（重さ）×光の速さ※1×光の速さ）

これは1905年にドイツ出身の天才物理学者・アインシュタイン（1879～1955年）が発表した有名な方程式。原子のような限りなく小さな質量のものでも、膨大なエネルギーに変わるということを表すこの式は、40年後の1945年、アインシュタインの望まぬ形で人々を恐怖に陥れることに。以後、アインシュタインは核兵器の廃絶を訴え続けるようになりました。

ヒトラーに狙われアメリカへ

1879年、ドイツ南部の街・ウルムで生まれたアインシュタインは、1905年に『特殊相対性理論』など4つの論文を発表し、20代で一躍有名になります。1921年にはノーベル物理学賞を受賞しましたが、1933年にヒトラーがドイツで実権を握ると、命を狙われることに。ユダヤ人や知識人を嫌うヒトラーにとって、ユダヤ人であり物理学者でもあるアインシュタインはまさに迫害の対象だったのです。

やがて指名手配されたアインシュタインは、ドイツからベルギーへ、さらにイギリスへと逃れていきます。そこでボディーガードに護衛されて1ヵ月ほど過ごした後、アメリカに移住することを決断したのです。当時のアメリカの新聞はアインシュタインを「ヒトラーからの贈り物」と表現し、人々は移住を歓迎しました。

ヒトラーが原子爆弾をつくっている!?

1939年、ヒトラー率いるナチスがポーランドに侵攻し、第二次世界大戦が勃発。ヒトラーの凶悪さを身をもって知っていたアインシュタインは、大戦が始まる少し前、アメリカの大統領・ルーズベルトに「原子爆弾をつくるべき」という内容の手紙を送っています。当時、「ドイツで原子爆弾の開発が進んでいる」という情報があったからです。核分裂★6の連鎖反応により、原子のエネルギーが解き放たれて大爆発する原子爆弾は、「$E=mc^2$」という方程式の最悪な利用法でした。

アインシュタインの後悔

しかし、1945年5月にドイツが降伏すると、ヒトラーは原子爆弾をつくっていなかったことが発覚。それでもアメリカは爆弾の開発をやめず、完成させたウラン型とプルトニウム型の原子爆弾を、8月6日に広島、8月9日に長崎に投下したのです。

原子爆弾投下の事実を知ったアインシュタインは深い悲しみに襲われ、のちにこのような言葉を残しています。

「私は人生で大きな間違いを1つ犯しました。原子爆弾をつくるよう、ルーズベルト大統領にすすめる手紙に署名したことです。ドイツが原子爆弾の製造に成功しないと知っていたならば、私は指一本、動かさなかったでしょう」

※1 光の速さは秒速約30万km。
※2 名言は『心を強くする！ ビジュアル伝記02 アインシュタインのことばと人生』（ポプラ社）『ライフ・ストーリーズ2 アインシュタイン』（三省堂）『映像の世紀 バタフライエフェクト（2022年4月放送）』（NHK）を参考。

アインシュタインの名言※2

私はただの平和主義者ではなく、
戦う平和主義者です。
平和のためなら喜んで戦います。
戦争を終わらせるには、
戦争に行くのを拒むしかありません。

私は自然については
少し理解していますが、
人間についてはほとんど
全く理解していません。

生活を豊かにしてくれるはずの科学が、
なぜ小さな幸せしかもたらさないのでしょう？
それは人類が科学の本当の使い方を知らないからです。

プルトニウムの性質を変えるより、
人間の性質を変えるほうが難しいのです。

フェルミたちによる原子炉の実験（イメージ）

100　Fermium

Fm フェルミウム

フェルミウムはアインスタイニウムと同じく、水素爆弾実験の降下物から発見された放射性元素。★7イタリアの物理学者・フェルミ※にちなんで名づけられた。

原子量：(257)　融点：—　沸点：—　密度：—

命が消えた。名前が残った。

1952年、水素爆弾実験の降下物から原子番号99番の新元素が発見されると、翌年、同じ降下物から100番の新元素も発見されます。

のちに99番はドイツ出身の物理学者・アインシュタインにちなんで「アインスタイニウム」、100番はイタリアの物理学者・フェルミにちなんで「フェルミウム」と名づけられ、1955年8月に公表されました。**ただ、アインシュタインはその年の4月、フェルミは前年の11月に亡くなっており、もうこの世にはいませんでした。**

※フェルミは世界初の原子炉を設計した物理学者。水素爆弾実験に反対していた。

101 Mendelevium

サンクトペテルブルクにあるメンデレーエフ像（ロシア）

Md メンデレビウム

メンデレビウムはアメリカのカリフォルニア大学・バークレー校のチームが発見した放射性元素。★7 原子番号99番・アインスタイニウムにα線★16を当てて発見された。

原子量：(258)　融点：—　沸点：—　密度：—

敬意は敵意を越える。

1955年、アメリカの化学者・ギオルソたちは原子番号101番の新元素を発見し、ロシアの化学者・メンデレーエフにちなんで「メンデレビウム」と名づけます。時は冷戦の真っ最中。**アメリカの化学者がソ連（現・ロシア）の化学者を元素名につけたことは、冷戦の緊張を緩和させたとも言われています。**ちなみに1906年、メンデレーエフはノーベル賞に1票差で落選し、翌年亡くなっています。隣の102番の元素がノーベリウム※なのは、なんとも皮肉なことです。

※ノーベリウムはスウェーデンの化学者・ノーベルが由来の元素。

ノーベル賞博物館（スウェーデン）

102　Nobelium

No ノーベリウム

ノーベリウムは、スウェーデン、アメリカ、ソ連（現・ロシア）が発見を争った放射性元素。★[7]スウェーデンの化学者・ノーベル※にちなんで名づけられた。

原子量：(259)　融点：—　沸点：—　密度：—

ノーベルか、
ノー・ビリーブか。

1957年、スウェーデンのノーベル物理学研究所のチームは迷っていました。原子番号102番の新元素の合成に成功したものの、分析データにあいまいなところがあったからです。

96番・キュリウムに6番・炭素イオン★2を当てて102番の新元素を合成したこの結果を、公式に発表するか、それとも発表せずに裏付けの研究を続けるか……チームの出した答えは「発表」でした。

7月、研究結果を発表した彼らは、新元素をスウェーデンの化学者・ノーベルにちなんで「ノーベリウム」と名づけます。

しかし、アメリカの化学者・シーボーグやギオルソは、確認の実験をしても102番の新元素はつくれなかったため、ノーベリウム（Nobelium）を「信用できない元素」という意味で、こう揶揄（やゆ）したそうです。

「Nobelievium(No believe ium)」

結局、最後まで発見の確証が得られず、1958年にシーボーグたちが別の方法で合成に成功したと主張。1964年にはソ連も合成の成功を報告し、最終的にはソ連の発見が認められたことになっています。

※ノーベルは「人類に貢献した人の表彰に遺産を使ってほしい」と遺言を残し、亡くなって5年後の1901年12月10日、第1回ノーベル賞授賞式が開催された。その日はノーベルの命日だった。

103　Lawrencium

ローレンス・バークレー国立研究所（アメリカ）

Lr ローレンシウム

ローレンシウムはアメリカの物理学者・ローレンスが由来の放射性元素。★7 1961年、原子番号98番・カリホルニウムに5番・ホウ素イオン★2を当てて発見された。

原子量：(262)　融点：―　沸点：―　密度：―

その発明が、新元素発見を加速させた。

ローレンシウムの由来となったローレンスは、サイクロトロン★12を発明し、超ウラン元素（P214）の発見に大きく貢献したアメリカの物理学者です。1939年にノーベル物理学賞を受賞しています。

ローレンスがカリフォルニア大学バークレー校内に設立し、所長を務めた放射線研究所は、第二次世界大戦中に原子爆弾の製造にも関わった施設。何度か改名され、現在は「ローレンス・バークレー国立研究所」と呼ばれています。

ネルソンの海辺（ニュージーランド）

104 Rutherfordium

Rf ラザホージウム

ラザホージウムは、アメリカのカリフォルニア大学バークレー校とソ連（現・ロシア）の合同原子核研究所が1960年代に発見を争い、両方が発見者となった放射性元素。★7

原子量：(267)　融点：—　沸点：—　密度：—

成功する人は、運よくいい波に乗る。

ラザホージウムの由来となったラザフォード※は、「原子物理学の父」と呼ばれるイギリスの物理学者です。ニュージーランドの港町・ネルソンの外れに生まれたラザフォードは、23歳の頃、海外留学の奨学金に応募して落選。**しかし、奨学金に選ばれた化学者が辞退して、ラザフォードが選ばれることになりました。**父の農場でイモ掘りをしていた彼はその情報を知らされ、鍬(くわ)を投げ捨てて喜び、荷造りをしながらこう言ったそうです。「もうイモ掘りとはおさらばだ」

※ラザフォードはノーベル化学賞の受賞者。α線★16、β線★19、原子核を発見している。

冬のドブナ(ロシア)

105 Dubnium

Db ドブニウム

ドブニウムはソ連(現・ロシア)の合同原子核研究所がある都市・ドブナが由来となった放射性元素。★7 ドブナはモスクワ州にある学術都市。

原子量:(268) 融点:— 沸点:— 密度:—

いろんな名前がついた元素です。

ドブニウムはラザホージウムと同じく、アメリカのカリフォルニア大学バークレー校とソ連の合同原子核研究所が発見を争い、両方が発見者となった元素です。

合同原子核研究所は1968～1970年頃、原子番号95番・アメリシウムに10番・ネオンイオン★2を当てて発見した105番の新元素を「ニールスボーリウム」と命名。一方、カリフォルニア大学バークレー校は1970年に、98番・カリホルニウムに7番・窒素イオンを当てて発見した105番の新元素を「ハーニウム」と名づけています。同じ元素にも関わらず、別の名前で呼んでいたのです。

冷戦が続いていた1960～1970年頃、アメリカとソ連は新元素の発見でも激しくしのぎを削っていて、他にも同じ元素を別の名前で呼んでいたものがいくつかありました。

1970年頃の周期表

原子番号	アメリカの元素名	ソ連の元素名	現在の元素名
102番	ノーベリウム	ジョリオチウム	ノーベリウム
103番	ローレンシウム	ラザホージウム	ローレンシウム
104番	ラザホージウム	クルチャトビウム	ラザホージウム
105番	ハーニウム	ニールスボーリウム	ドブニウム※

※1994年には、105番の元素名を「ジョリオチウム」とする決定が下されたこともあった。

106 Seaborgium　　サウスゲートにあるシーボーグの実家（アメリカ）

Sg シーボーギウム

シーボーギウムは、アメリカとソ連（現・ロシア）がほぼ同時期に発見した放射性元素。[★7] 数々の元素発見に貢献したアメリカの化学者・シーボーグが由来。

原子量：(271)　融点：—　沸点：—　密度：—

ルールはたいてい、急に変わる。

1974年、アメリカは原子番号98番・カリホルニウムに8番・酸素イオン[★2]を当てて、また、ソ連は82番・鉛に24番・クロムイオンを当てて106番の新元素を合成しました。※ **当時、「存命中は元素名にしない」というルールが設けられていたため、ラジオで「新元素はシーボーグにちなんでシーボーギウムと命名」という発表を聴いたシーボーグの娘は、「父が死んだ」と思い込み、涙があふれたそうです。そのルールは、直前に撤回されていました。**

※アメリカはカリフォルニア大学バークレー校。ソ連は合同原子核研究所。

ニールス・ボーア研究所(デンマーク)

107　Bohrium

Bh ボーリウム

ボーリウムは、1981年に西ドイツの重イオン研究所が発見した放射性元素。★7 原子番号83番・ビスマスに24番・クロムイオン★2を当てて合成した。

原子量：(272)　融点：—　沸点：—　密度：—

フルネームは、ダメでした。

ボーリウム（Bohrium）の由来は、ノーベル物理学賞を受賞したデンマークの物理学者・ボーア（Niels Bohr）です。**ホウ素（Boron）との混同を避けるため、最初は「ニールスボーリウム」が提案されていました。**ボーアの息子・オーゲもノーベル物理学賞を受賞していたため、親子の区別をつける意味もあったそうです。

ただ、フルネームが由来となった元素はなかったため、これまでの慣習通り「ボーリウム」に決まりました。

108　Hassium

重イオン研究所(ドイツ)

Hs ハッシウム

ハッシウムは、1984年に西ドイツの重イオン研究所が発見した放射性元素。★7 原子番号82番・鉛に26番・鉄イオン★2を当てて合成した。

原子量:(277)　融点:—　沸点:—　密度:—

ライバルも見に来た研究所がある。

原子番号108番は一時期、ドイツの化学者・ハーンを由来にした「ハーニウム」が提案されていました。しかし、最終的に重イオン研究所のあるヘッセン州のラテン語名「Hassia」を由来にした「ハッシウム」に決定しました。

重イオン研究所は1980年代から1990年代にかけて、107〜112番の新元素の合成に成功。1981年にはアメリカの化学者・シーボーグやソ連(現・ロシア)の物理学者・フレロフが視察に訪れています。

109 Meitnerium

Mt マイトネリウム

マイトナーとハーンが研究した旧カイザー・ヴィルヘルム化学研究所※(ドイツ)

マイトネリウムは、1982年に西ドイツの重イオン研究所が発見した放射性元素。★7 原子番号83番・ビスマスに26番・鉄イオン★2を当てて合成した。

原子量：(276)　融点：—　沸点：—　密度：—

ノーベル賞を逃した。元素名になった。

マイトネリウムの由来は、ハーンとともに核分裂★6を発見したオーストリアの物理学者・マイトナーです。第二次世界大戦中の1944年、ハーンはノーベル化学賞を受賞したものの、ユダヤ系の女性で亡命していたマイトナーは受賞を逃しています。ただ、元素の世界では2人は逆の立場。元素名には「一度提案された元素名は使えない」というルールがあり、ハーンは過去に「ハーニウム」という名前が却下されているため、今後ハーンが元素名になることはなさそうです。

※現在のベルリン自由大学。

ダルムシュタットのクリスマスマーケット(ドイツ)

110 Darmstadtium

Ds ダームスタチウム

ダームスタチウムは、1994年にドイツの重イオン研究所が発見した放射性元素。★7
原子番号82番・鉛に28番・ニッケルイオン★2を当てて合成した。

原子量：(281)　融点：—　沸点：—　密度：—

プレゼントは、21gの鉄でした。

原子番号110番の発見を目指すドイツの重イオン研究所は、1994年の冬、試しに82番・鉛に26番・鉄イオンを当てて108番・ハッシウムをつくることに決めます。しかし、実験に使う同位体★1鉄58は1gで数千万円もするため、手に入れることができません。**そんな彼らを救ったのがロシア。実験に必要なのは4gの鉄58だったにも関わらず、ロシアの合同原子核研究所は21gも送ってくれたのです。**

こうして108番の合成実験を成功させた重イオン研究所は、1994年11月、82番・鉛に28番・ニッケルイオンを当てて110番の新元素を発見。重イオン研究所のあるヘッセン州・ダルムシュタットにちなんで「ダームスタチウム」と名づけられました。

ちなみに、重イオン研究所は鉄58のお礼に、ロシアが欲しがっていた電子機器と検出器を合同原子核研究所に送ったそうです。

ダルムシュタット（ドイツ）の街並み

111　Roentgenium

Rg レントゲニウム

重イオン研究所の重イオン反応産物分離装置・SHIP(ドイツ)

レントゲニウムは1994年にドイツの重イオン研究所が発見した放射性元素。★7 名前の由来はX線を発見したドイツの物理学者・レントゲン。※

原子量：(280)　融点：—　沸点：—　密度：—

準備さえあれば、成功は連鎖する。

1994年11月、原子番号110番・ダームスタチウムを発見した重イオン研究所のチームに、さらなるチャンスが訪れます。**自分たちの後に実験施設を使う予定だったチームの準備が遅れていたため、実験施設の利用を17日も延長できたのです。**勢いに乗った彼らは、原子番号83番・ビスマスに28番・ニッケルイオン★2を当てる実験をスタート。年末までに111番・レントゲニウムを発見したのです。それはダームスタチウムの発見から、わずか1ヵ月後のことでした。

※レントゲンはX線に関する特許を取らなかった。広く利用してもらうためと言われている。

生誕地・トルンにあるコペルニクス像(ポーランド)

112 Copernicium

Cn コペルニシウム

コペルニシウムは1996年にドイツの重イオン研究所が発見した放射性元素。★7 原子番号82番・鉛に30番・亜鉛イオン★2を当てて合成した。

原子量：(285)　融点：—　沸点：—　密度：—

元素名の誕生日は、天文学者の誕生日。

コペルニシウムの由来は、1473年生まれのコペルニクス。「地球のまわりを星が回っている」という「天動説」が一般的だった16世紀に、「太陽のまわりを地球が回っている」という「地動説」を唱えたポーランドの天文学者です。**「人類の世界観を変えた学者に敬意を表したい」という研究チームの思いが込められた元素名・コペルニシウムは、2010年2月19日に公式発表されました。2月19日は、コペルニクスの誕生日でした。**

ビスマスに亜鉛イオン★2を当てた線形加速器・RILAC

113 Nihonium

Nh ニホニウム

ニホニウムは日本の理化学研究所が発見した放射性元素。★7 原子番号83番・ビスマスに30番・亜鉛イオンを当てて合成した。

原子量：(278)　融点：—　沸点：—　密度：—

元素の神様は、きっといる。

ニホニウムは、アジアで初めて発見された新元素です。

理化学研究所で新元素の合成実験が始まったのは、2003年9月のこと。すると2004年7月、113番元素の原子が1つ合成できたことが確認されます。2005年4月にも2つ目が確認されたものの、この段階では正式な発見と認められませんでした。

その後も裏付けの実験を進めながら、2012年8月、3つ目の合成に成功。9月に論文が発表されます。そして最初の発見から11年以上の月日が流れた2015年12月31日、チームを率いた森田浩介のもとに新元素認定の連絡が届いたのです。※1

2016年2月、チームのメンバーが集まり、「ジャポニウム」「ジャパニウム」などの候補名の中から、元素名を「ニホニウム」に決定。※2 11月、正式に認められました。

ちなみに、森田は新元素が発見できるよう、神社で祈ることもありました。お賽銭に入れるのは113円。発見を目指す原子番号と同じ額にしていたそうです。

※1 当時、ロシアとアメリカの合同研究チームも113番元素の発見を主張していた。　※2 過去に名づけられたことのある元素名は使えないルールがあり、「ニッポニウム」（P178）は使えなかった。

114 Flerovium

合同原子核研究所(ロシア)

Fl フレロビウム

フレロビウムは1998年頃にロシアとアメリカの共同チーム※が発見した放射性元素。★7
原子番号94番・プルトニウムに20番・カルシウムイオン★2を当てて合成した。

原子量：(289)　融点：—　沸点：—　密度：—

物理学者と研究所の名前が由来です。

ソ連（現・ロシア）のフレロフは、29歳の空軍中尉だった1942年、最高指導者・スターリンに「原子爆弾の開発を提案したい」という手紙を送りつけ、開発リーダーとなった物理学者です。1957年には合同原子核研究所内にフレロフ研究所が設立されました。

フレロビウムは、フレロフ自身だけでなく、フレロフ研究所も由来とされています。これは原子爆弾などの開発に関わったフレロフ個人への批判をかわすためとも言われています。

※ロシアは合同原子核研究所、アメリカはローレンス・リバモア国立研究所。

モスクワの街並み(ロシア)

115 Moscovium

Mc モスコビウム

モスコビウムは2003年頃にロシアとアメリカの共同チーム※が発見した放射性元素。★7 原子番号95番・アメリシウムに20番・カルシウムイオン★2を当てて合成した。

原子量：(289)　融点：—　沸点：—　密度：—

モスクワは、州も、市も、元素もある。

モスコビウムは原子番号113番・ニホニウム、117番・テネシン、118番・オガネソンとともに2015年12月31日に新元素と認定された元素です。**ロシアの合同原子核研究所のあるモスクワ州にちなんで名づけられました。**

ちなみに、ロシアの首都・モスクワ市はモスクワ州に含まれず、市として独立しています。

※ロシアは合同原子核研究所、アメリカはローレンス・リバモア国立研究所。

ローレンス・リバモア国立研究所（アメリカ）

116　Livermorium

Lv リバモリウム

リバモリウムは2000年にロシアとアメリカの共同チームが発見した放射性元素。★7 原子番号96番・キュリウムに20番・カルシウムイオン★2を当てて合成した。

原子量：(293)　融点：―　沸点：―　密度：―

対立していた2つの国を結びつけたのは元素でした。

冷戦の終結が宣言された1989年、元素の国際集会に参加したソ連（現・ロシア）の物理学者・フレロフは、意を決してある人物に話しかけました。相手はアメリカの化学者・ヒューレット。**フレロフは共同研究の話を持ちかけ、最後に2人は固い握手を交わしたのです。**

しかし、1990年にアメリカ側の化学者がソ連を訪れた際は、ホテルの部屋は国によって盗聴され、移動中は公安に尾行されたそう。また、この年に共同研究の立役者・フレロフが亡くなってしまいます。さらに翌年、ソ連は崩壊。混沌とした中で共同チームは研究を続けることになったのです。

そんな苦難を経て、1998〜2000年にかけて、ロシアの合同原子核研究所とアメリカのローレンス・リバモア国立研究所の共同チームは114番と116番の新元素を発見。**114番をソ連の物理学者・フレロフにちなんで「フレロビウム」、116番をアメリカの研究所があるリバモア市にちなんで「リバモリウム」と名づけたのです。**ちなみに、両者はこの発見を祝い合い、合同原子核研究所は独自のウォッカを、リバモア市は「リバモリウム」というワインをつくったそうです。

オークリッジ国立研究所(アメリカ)

117 Tennessine

Ts テネシン

2010年にロシアとアメリカの共同チーム※が発見した放射性元素。★7 原子番号97番・バークリウムに20番・カルシウムイオン★2を当てて合成した。

原子量：(293)　融点：―　沸点：―　密度：―

モスクワは、思った以上に遠かった。

2009年、ニューヨークの空港からモスクワへ送られるはずの97番・バークリウムが、何度も足止めを食っていました。航空会社が書類を認めなかったり、税関が拒否したりしていたからです。結局、モスクワに届いたのは5度目のフライトでのこと。そのバークリウムを使い、ロシアの物理学者・オガネシアンたちは117番の新元素の合成に成功。バークリウムをつくって送ったオークリッジ研究所のあるテネシー州にちなんで、「テネシン」と命名しました。

※ロシアは合同原子核研究所、アメリカはローレンス・リバモア国立研究所やオークリッジ国立研究所など。

118 Oganesson

合同原子核研究所の内部（ロシア）

Og オガネソン

オガネソンは2002年にロシアとアメリカの共同チーム※が発見した放射性元素。★7 原子番号98番・カリホルニウムに20番・カルシウムイオン★2を当てて合成した。

原子量：(294)　融点：―　沸点：―　密度：―

サプライズは、新元素の名前でした。

オガネソンの由来は、ロシアの物理学者・オガネシアンです。もともと建築家志望でしたが、物理学者・フレロフの研究室に採用され、合同原子核研究所（1956年設立）で元素発見に大きく貢献しました。

2016年、共同チームが118番の元素名を決める会議を開いた際、チームの中心人物であるオガネシアンは席を外すように頼まれたそう。チームのメンバーはオガネシアンへの敬意を表し、彼のいない部屋で新元素を「オガネソン」と名づけたのです。

※ロシアは合同原子核研究所、アメリカはローレンス・リバモア国立研究所。

中央付近は約40億光年先にある銀河の集団

もしも
宇宙人と出会ったら。

「118番ができても、仕事はまだ尽きません。それが最後のピースだというわけでもないし」

118番・オガネソンの由来となったロシアの物理学者・オガネシアンは、かつてこんな言葉を残しています。

現在、地球で見つかっている元素の数は118。今も各国の研究者たちが、原子番号119番以降の元素の発見に挑戦しています。将来、周期表にある元素の数はもっと増えることでしょう。

もしもこの広い宇宙で、宇宙人と出会ったら……そして、もしも宇宙人と話せたら、こんな質問をしてみるといいかもしれません。

「あなたの星では、元素はいくつ見つかっていますか?」

118より多い数を答えたら、その星の科学は地球より進んでいるのかもしれないのです。

※『ニュートン別冊 完全図解 周期表 周期表と全118元素を徹底解説 日本初の命名! 新元素「ニホニウム」』(ニュートンプレス)「森田浩介博士 インタビュー」をもとに一部作成。

注釈一覧

★1　同位体：同じ元素だが、中性子の数が違うもの。

★2　イオン：原子が電子を失ったり得たりして、電気を帯びた状態のもの。電子を失った状態が陽イオン。電子を得た状態が陰イオン。

★3　半金属：金属と非金属の中間の性質を持つ元素。

★4　結晶：原子が規則正しく並んでできている物質。

★5　スペクトル線：元素が光を吸収すると暗線、光を放出すると輝線が観測され、その波長から元素を特定できる。

★6　核分裂：原子核が小さな原子核に分かれること。

★7　放射性元素：放射性同位体しかない元素。

★8　半減期：放射性同位体が崩壊して半分に減る期間。

★9　白金族：ルテニウム、ロジウム、パラジウム、オスミウム、イリジウム、白金の6つの元素の総称。酸やアルカリに強く、さびにくい。

★10　触媒：化学反応の速度を変化させる物質。

★11　地殻：地球の表層部分。

★12　サイクロトロン：電子や陽子などを加速させる円形の装置。

★13　硫化物：硫黄の化合物。

★14　γ（ガンマ）線：電磁波の一種。

★15　放射性同位体：原子核が不安定な同位体。放射能をもつ。

★16　α線：陽子2個と中性子2個（ヘリウムの原子核と同じ）でできた粒子線。

★17　α崩壊：陽子2個と中性子2個でできたα線（ヘリウムの原子核）を放出すること。原子番号が2つ減る。

★18　β崩壊：原子核が電子を放出する現象。原子核の中性子が陽子に変わり、電子を放出する現象が多い。その場合、陽子が1つ増えるため、原子番号が1つ増える。

★19　β線：原子核から放出された粒子線（主に放出された電子）。

主な参考文献

『元素発見の歴史1～3』M.E.ウィークス H.M.レスター 監訳：大沼正則（朝倉書店）
『元素創造 93～118番元素をつくった科学者たち』キット・チャップマン 訳：渡辺正（白揚社）
『元素の名前辞典』江頭和宏（九州大学出版会）
『【ビジュアル版】元素から見た化学と人類の歴史』アン・ルーニー 訳：八木元央（原書房）
『元素118の新知識〈第2版〉』編著：桜井弘（講談社）
『元素のすべてがわかる図鑑』監：若林文高（ナツメ社）
『ニュートン別冊 完全図解 118元素と周期表 全元素の特徴と使い道がこれでわかる！』（ニュートンプレス）
『マンガでわかる元素118』齋藤勝裕（SBクリエイティブ）
『知れば世の中が見えてくる！ 元素の教科書』監：左巻健男（ナツメ社）
『色の秘めたる歴史 75色の物語』カシア・セントクレア 訳：木村高子（パイ インターナショナル）
『化学が好きになる数の物語100話』ジョエル・レビー 監訳：松本正和 訳：佐藤聡（ニュートンプレス）
『人間晩年図巻 1990-94年』関川夏央（岩波書店）
『小学館の図鑑NEO［新版］宇宙』（小学館）
『なぞとき絶景図鑑』文・構成：増田明代 監：山口耕生（講談社）
『身近すぎて気づかない、偉大な発明図鑑』クライブ・ギフォード 訳：定木大介 岩田佳代子（日経ナショナル ジオグラフィック）
『小学館の図鑑NEO［新版］水の生物』（小学館）
『旧約聖書 新共同訳』（日本聖書協会）
『メンデレーエフ伝』G・スミルノフ 訳：木下高一郎（講談社）
『解説 フィンセント・ファン・ゴッホ ひまわり』小林晶子 監：SOMPO美術館 SOMPO美術財団（求龍堂）
『私はフェルメール』フランク・ウイン 訳：小林頼子 池田みゆき（ランダムハウス講談社）
『プリニウスの博物誌 縮刷第二版(6)』訳：中野定雄 中野里美 中野美代（雄山閣）
『世界探検全集01 東方見聞録』マルコ・ポーロ 訳：青木富太郎（河出書房新社）
『澁澤龍彦全集3』澁澤龍彦（河出書房新社）
『オウィディウス 変身物語（下）』オウィディウス 訳：中村善也（岩波書店）
『おもしろくて やくにたつ 子どもの伝記9 キュリー夫人』文：伊東信（ポプラ社）
『伝記 世界を変えた人々1 キュリー夫人』ビバリー・バーチ 訳：乾侑美子（偕成社）
『ライフ・ストーリーズ2 アインシュタイン』ウィル・マーラ 日本語版総監修：宮川健郎 訳：佐藤満里子（三省堂）
『心を強くする！ ビジュアル伝記02 アインシュタインのことばと人生』監：新堂進（ポプラ社）
『映像の世紀 バタフライエフェクト（2022年4月放送）』（NHK）
『アーネスト・ラザフォード　原子の宇宙の核心へ』J・L・ハイルブロン 編集代表：オーウェン・ギンガリッチ 訳：梨本治男（大月書店）
『エンリコ・フェルミ』ダン・クーパー 訳：梨本治男（大月書店）
『ニュートン別冊 完全図解 周期表 周期表と全118元素を徹底解説 日本初の命名！新元素「ニホニウム」』（ニュートンプレス）

元素の融点、沸点、密度は『理科年表2024』編集：国立天文台（丸善出版）、原子量は日本化学会が発表している原子量表（2024年版）を参考に作成。

物語のある元素図鑑

2025年4月1日　第1刷発行
2025年5月1日　第2刷発行

著者　ペズル
科学監修　栗山恭直
鉱物写真監修　小田島庸浩
写真　アフロ　Shutterstock
PIXTA　NASAなど
イラスト　山本和香奈
デザイン　公平恵美
校正　板敷かおり

発行人　塩見正孝
編集人　神浦高志
販売営業　小川仙丈　中村崇
神浦絢子 遠藤悠樹

印刷・製本　株式会社シナノ
発行　株式会社三才ブックス
〒101-0041
東京都千代田区神田須田町2-6-5
OS'85ビル
TEL：03-3255-7995
FAX：03-5298-3520
http://www.sansaibooks.co.jp/
mail　info@sansaibooks.co.jp

Profile

著者：ペズル

著書に『物語のある鉱物図鑑』『物語のある月の図鑑』（共に三才ブックス）『もしも虫と話せたら』『もしも恐竜と話せたら』（共にプレジデント社）などがある。

科学監修：栗山恭直 くりやま やすなお

佐世保市生まれ、長崎県内で高校生活を送り、筑波大学、大学院、技官助手を経て北里大学講師、山形大学助教授、准教授、教授で現在に至る。現在、有機化学の研究、科学教育の実践、中高の探究活動の指導・サポートを行っている。

鉱物写真監修：小田島庸浩 おだしま のりひろ

多摩六都科学館 学芸員（地学）。静岡大学理学部生物地球環境科学科、東京大学大学院理学系研究科地球惑星科学専攻修士課程修了。2007年より現職。東京都市大学非常勤講師、放送大学非常勤講師、国土交通大学校講師を兼務。

鉱物写真監修ページ：P10,11,12,14,15,16,18,19,26,30,38,39,42,43,47,48,70,71,74,76,80,81,82,86,91,94,98,102,106,114,119,120,123,124,126,132,136,138,139,144,149,156,160,165,172,175,186,188,194,196,200,204,209,210,211

鉱物名、岩石名は英語名と和名のどちらかを不規則に採用しています。